高等职业教育测绘地理信息类规划教材

多旋翼无人机测绘技术与应用

主　编　周　巍　陶　云　程英鑫

副主编　毛志锋　苏玉峰　陆电学

参　编　(以姓氏笔画为序)

尹广澳　甘玫聪　伍浩如　吴　健

陆力楷　周小单　袁建立

WUHAN UNIVERSITY PRESS

武汉大学出版社

图书在版编目(CIP)数据

多旋翼无人机测绘技术与应用／周巍,陶云,程英鑫主编；毛志锋,苏玉峰,陆电学副主编. -- 武汉：武汉大学出版社,2025.8. -- 高等职业教育测绘地理信息类规划教材. -- ISBN 978-7-307-25068-0

Ⅰ.P231

中国国家版本馆 CIP 数据核字第 20254WZ791 号

责任编辑:何青霞　　　　责任校对:汪欣怡　　　　版式设计:马　佳

出版发行:**武汉大学出版社**　　(430072　武昌　珞珈山)

（电子邮箱：cbs22@whu.edu.cn　网址：www.wdp.com.cn）

印刷:湖北金海印务有限公司

开本:787×1092　　1/16　　印张:10　　字数:240 千字　　插页:1

版次:2025 年 8 月第 1 版　　2025 年 8 月第 1 次印刷

ISBN 978-7-307-25068-0　　　定价:43.00 元

前　言

随着科技的飞速发展，多旋翼无人机测绘技术作为一种新兴的空间信息获取手段，正逐步改变着传统测绘的模式与格局。它融合了航空摄影测量、全球定位系统、地理信息系统等多种技术，具有机动灵活、高效快速、成本低廉、成果精细等显著优势，在国民经济建设、社会发展以及国防安全等诸多领域发挥着越来越重要的作用。

本教材全面系统地介绍多旋翼无人机测绘技术的基本原理、作业流程、数据处理方法以及实际应用案例，旨在为测绘工程、地理信息科学、遥感科学与技术等相关专业的学生、教师以及从事测绘工作的专业技术人员提供一本实用的教材与参考书。

在内容编排上，本教材力求理论与实践相结合，讲解深入浅出，内容循序渐进。从多旋翼无人机的基础知识入手，详细阐述了无人机的飞行原理、分类、特点以及适用场景，使读者对无人机这一飞行平台形成清晰的认识。教材中深入探讨了无人机航测技术，包括航测的定义、特点、作业流程以及坐标转换等关键技术环节，为后续学习奠定坚实的理论基础。本教材着重介绍了多旋翼无人机航测外业数据采集和内业数据生产的全过程。在外业数据采集方面，详细讲解了无人机飞行法规、作业前准备、作业流程以及飞行过程中的注意事项，确保外业数据采集的科学性、准确性与安全性。在内业数据生产方面，则讲解了航测照片质量检查、常见成果及作用、数据生产基本流程，以及 ContextCapture 和大疆智图等主流软件的实景三维建模流程，帮助读者掌握内业数据处理的核心技术与方法。为了更好地体现多旋翼无人机测绘技术在实际工程中的应用价值，教材中精心选取了房地一体不动产测量、高速路无人机航测、建筑垃圾临时消纳场航测这几个具有代表性的应用案例，从项目背景、目标、技术路线、实施过程到成果质量控制与提交等方面进行了全面深入的分析与解读，帮助读者在真实的项目情境中掌握多旋翼无人机测绘技术的实际应用方法，同时也为相关行业的从业者提供了宝贵的实践经验与参考借鉴。针对多旋翼无人机航测过程中常见的问题，本教材详细介绍了大疆经纬 M300RTK 的飞行检查表、常见问题的解决方法以及保养和维护要点，旨在帮助读者在实际操作中能够及时发现并解决问题，确保无人机的安全飞行与正常作业，延长无人机的使用寿命，提高工作效率与经济效益。

在编写过程中，我们参考了国内外相关领域的文献资料、技术标准与规范，力求教材内容的准确性、科学性与先进性。本教材图文并茂，通过大量的示意图、流程图、实例图片等，使抽象的理论知识与复杂的技术流程更加直观易懂，便于读者理解与掌握。

衷心感谢参与本教材编写、审核、校对以及提供相关资料与帮助的所有人员。希望本教材能够为广大读者提供有益的参考与帮助，推动多旋翼无人机测绘技术在更多领域的广泛应用与深入发展。由于多旋翼无人机测绘技术仍在不断发展与完善之中，加之编者水平有限，书中不足之处在所难免，恳请广大读者批评指正，以便在今后的修订中不断改进与提高。

编　者

2025 年 3 月

目　　录

第1章　绪　论

1.1　认识无人机

1.1.1　无人机的定义

无人机，也被称为无人驾驶飞行器(unmanned aerial vehicle，UAV)，是一种不需要人驾驶的、能够通过自主控制系统在空中完成各种任务的航空器。无人机最初的应用主要集中在军事领域，如侦查、监视和打击目标等。随着科技的不断进步，无人机的技术性能和功能得到了极大的提升，其在民用和商业领域的应用日益广泛。

在我国，无人机不仅在军事领域发挥着重要作用，还在农业、航拍、物流、环保、救援等多个领域展现出巨大潜力。无人机技术的不断成熟，使得其在各个应用场景中的性能表现更加稳定，无人机产业近年来得到了快速发展，为我国经济社会发展提供了有力支持。

1.1.2　无人机的分类

1. 按照飞行平台构型分类

无人机可分为固定翼无人机、多旋翼无人机、无人直升机，以及其他(如无人飞艇、伞翼无人机、扑翼无人机等)类型。

2. 按照用途分类

无人机可分为军用无人机和民用无人机。

军用无人机主要用于战场侦查、监视、定位、通信中继等任务。军用无人机近年来在战争中发挥了重要作用。我国自主研制的军用无人机种类较多，包括长剑系列无人机、彩虹系列无人机、翼龙系列无人机、空警-2000预警机无人机改装型、龙门无人机等。

民用无人机又分为工业无人机和消费无人机。工业无人机主要用于企业从事生产活动；消费无人机主要面向广大消费者，有操作简单、价格低廉等特点。民用无人机在航拍、测绘、气象、环保、农业等领域有着广泛应用。随着技术的不断进步，民用无人机市场迅速崛起，越来越多的个人和企业投入到无人机研发和应用中。

3. 按照无人机尺度分类

无人机可分为微型无人机、轻型无人机、小型无人机、中型无人机以及大型无人机。

微型无人机：空机重量小于 0.25 千克；

轻型无人机：空机重量不超过 4 千克且最大起飞重量不超过 7 千克；

小型无人机：空机重量不超过 15 千克且最大起飞重量不超过 25 千克；

中型无人机：最大起飞重量不超过 150 千克的无人驾驶航空器，但不包括微型、轻型、小型无人驾驶航空器；

大型无人机：最大起飞重量超过 150 千克的无人驾驶航空器。

4. 按照活动半径分类

无人机可分为超近程无人机、近程无人机、短程无人机、中程无人机以及远程无人机。

超近程无人机：活动半径≤15km；

近程无人机：15km ＜活动半径≤50km；

短程无人机：50km ＜活动半径≤200km；

中程无人机：200km ＜活动半径≤800km；

远程无人机：活动半径＞800km。

5. 按照任务高度分类

无人机可分为超低空无人机、低空无人机、中空无人机、高空无人机以及超高空无人机。

超低空无人机：任务高度≤100m；

低空无人机：100m ＜任务高度≤1km；

中空无人机：1km ＜任务高度≤7km；

高空无人机：7km ＜任务高度≤18km；

超高空无人机：任务高度＞18km。

1.1.3 无人机的特点

1. 高度自主性

无人机作为一种自动化飞行器，具有高度的自主性。通过搭载的传感器、定位系统、人工智能等技术，无人机可以实现自主起降、自主飞行、自主避障等功能，无需人为干预。这使得无人机在执行任务时具有更高的灵活性和效率，尤其在复杂环境下，能够实现全天候、全自主的作业。

2. 实时传输与监测

无人机配备了高清摄像头、红外线探测器等设备，可以实时传输图像、声音、数据等信息。这使得无人机在执行侦查、监测、测绘等任务时，具有极高的应用价值。此外，无人机还可以与其他监测设备相连，实现远程监控和数据采集，提供实时、准确的信息。

3. 广泛的应用领域

无人机的应用领域极为广泛，包括军事、消防、交通、农业、环保、医疗等多个领域。在军事领域，无人机可以用于侦查、监视、打击敌方目标等任务；在消防领域，无人机可以用于火场侦查、救援物资投递等任务；在交通领域，无人机可以用于路面巡查、交通指挥等任务。此外，无人机还在农业喷洒、森林防火、物流配送等方面发挥着重要作用。

4. 节能环保

无人机采用电动或燃油驱动，相较于传统飞行器，具有较低的能耗和排放。同时，无人机还可以实现精确作业，在农业领域，可减少农药、肥料等化学品的过量使用，降低对环境的污染。在环保领域，无人机可以用于大气、水质、土壤等方面的监测，为环境保护提供数据支持。

5. 安全性较高

无人机采用自动化飞行控制系统，具备良好的故障诊断和自我保护能力。在遇到突发情况时，无人机可以自动采取措施，避免发生事故。此外，无人机还可以通过无线电遥控、卫星通信等方式与地面指挥系统相连，实现实时指挥和调度，这使得无人机在执行任务时具有较高的安全性。

6. 低成本、高效益

无人机采用模块化设计，易于生产和维护。同时，无人机可以实现批量生产，降低单机成本。在执行任务时，无人机具有较高的效率，能够在短时间内完成大量工作。这使得无人机具有显著的经济效益。

1.1.4 无人机的应用

1. 军事领域

无人机最早应用于军事领域，其作用主要包括侦查、监视、定位和打击目标等。无人机相较于传统有人驾驶的飞行器，具有高度的自主性、智能性和安全性，可以在危险环境中执行任务，可降低战争中生命损失。此外，无人机还可以执行战场态势感知、通信中继、电子战等任务，提高作战效能。

2. 地质勘探

大型多旋翼无人飞行器系统搭载探地雷达、合成孔径雷达后，可用于探矿、埋藏物体定位、路基检测，以及深层基岩剖面探测、断裂带探测、地下水研究和地下管线测量等。

3. 交通运输

无人机在交通运输领域的作用日渐显现。例如，无人机可以为地面交通提供实时监控，协助交管部门疏导交通；在出租服务领域，无人机可以实现城市内部的快速通勤；在物流配送方面，无人机可以实现快速、准确地将货物送达目的地，从而缓解城市交通压力。

4. 科学研究

无人机在科学研究领域也发挥着重要作用。例如，在气象领域，无人机可以携带气象传感器，对大气层进行垂直探测，为天气预报提供数据支持；在海洋领域，无人机可以进行海洋环境监测，为海洋资源开发和海洋环境保护提供数据支撑。

5. 交通出行

随着无人机技术的不断发展，未来无人机有望成为一种全新的空中出行方式。空中出租车和载人无人机等新型交通工具正在研发过程中，有望解决城市交通拥堵问题，提高出行效率。

6. 农业领域

无人机在农业领域的应用主要是通过无人机搭载的各种传感器和相机，对农田进行空中巡视，收集农田数据，如土壤含水量、气温、湿度等，以及植被覆盖情况和作物生长状况等。这些数据有助于农民了解农作物的生长状态，帮助他们决定应该采取哪些措施来提高产量。使用无人机后，农民可以在减少人力成本的同时，更快地检测作物生长状况，确定植被覆盖率，检查土壤水分含量，进行病虫害监测等，从而更好地管理农田，提高作物产量。

7. 环保领域

无人机在环保领域的应用日益广泛，可以用于空气质量监测、水质监测、森林资源调查等诸多方面。无人机具有高效、灵活、无损的优点，可以快速获取大量数据，为环保决策提供科学依据。此外，无人机还可以用于环保宣传和教育，提高公众的环保意识。

8. 无人机救援

在灾害救援中，无人机可以发挥重要作用。例如，在地震、洪水等灾害发生后，无人机可以快速进入灾区，执行人员搜救、物资投送等任务。此外，无人机还可以用于火警监测、医疗救援等领域，提高救援效率，减少人员伤亡。

9. 文化娱乐

无人机在文化娱乐领域也有着广泛的应用。例如，无人机可以用于演出、赛事等活动的空中拍摄，提供独特的视角和视觉效果。此外，无人机还可以用于虚拟现实、游戏等领域，丰富人们的文化生活。

1.1.5 无人机的发展现状与趋势

无人机技术，作为一项创新的技术，在短短的几十年里，已经得到了飞速发展。从最初作为军事侦察工具，到现在广泛应用于各行各业，无人机的发展不仅改变了我们的生活，也在进一步推动着科技的进步。

无人机的概念可以追溯到 19 世纪末，当时人们就开始设想用无人驾驶的飞行器来实现空中侦察等任务。在第一次世界大战期间，英国和德国都尝试研制无人驾驶飞机，但并未取得成功。19 世纪 90 年代，意大利发明家古列尔莫·马可尼成功地用无线电信号遥控了一架模型飞机，这标志着无人机技术的初步发展。

现代无人机技术起源于 20 世纪 50 年代，美国军方研制出名为"火蜂"的无人机。自此之后，无人机技术得到了迅速发展，被广泛应用于军事、民用等领域。近年来，随着科技的不断进步，无人机技术得到了飞速发展，性能不断提升，功能也日益丰富，从最初简单的航拍到现在的大数据分析、物流配送等，如今无人机技术正在以惊人的速度改变着我们的生活。

随着科技的飞速发展，无人机行业在我国呈现出井喷式增长的态势。2017 年 12 月，工业和信息化部为了贯彻落实《中国制造 2025》和《新一代人工智能发展规划》，加快人工智能产业发展，推动人工智能与实体经济深度融合，制定并实施了《促进新一代人工智能产业发展三年行动计划（2018—2020）》。根据该计划，国家将重点发展智能无人机、智能网联汽车、智能服务机器人等八大类人工智能产品，使无人机这一新兴产品朝着智能化、自动化、体系化的方向不断迭代更新，推动无人机产品本身及其行业的快速发展。

中国航空运输协会（以下简称"中国航协"）发布了 2023—2024 年度《中国通用航空发展报告》和《中国无人机发展报告》（以下简称"两份《报告》"）。2024 年 1—7 月，通航经营性飞行共计 51.7 万小时。2024 年 1—6 月，无人机累计飞行 98.1 万小时，同比增加 13.4 万小时。此外，截至 2024 年 6 月底，全国持有有效运营合格证的无人机企业达 1.4 万家。

我国无人机行业尤其是民用无人机行业已进入快速发展阶段，未来必将沿着更加智能化和自动化、更加安全和环保的趋势发展。

无人机的智能化和自动化程度将得到进一步提升。无人机将能够感知环境、识别物体，并根据这些信息自主决策、自主飞行，这将大大提高无人机的实用性和安全性。例如，无人机将具备自动规划飞行路线、避开障碍物的能力，并且在遇到紧急情况时能够迅速做出反应，避免发生安全事故。未来，无人机将采用更加安全的技术，通过物理和电子方式来确保飞行安全，避免受到干扰和损害。例如，可采用先进的加密技术和防干扰技术，确保无人机通信安全；同时，还可采用高精度的传感器和控制系统，避免无人机因操作失误或外部干扰而发生安全事故。

如前所述，无人机的应用范围越来越广泛，涉及农业、交通、环保、城市规划、建筑设计、医疗保健等多个领域。未来，无人机将成为人们日常生活中不可或缺的一部分，为人们的生活带来更多便利。

无人机将向着更加环保、可持续发展方向发展。未来的无人机将采用更加环保的能源，例如太阳能和风能，以减少对传统能源的依赖，降低碳排放量；还将采用更加高效的设计和飞行方式，例如采用轻量化材料并优化气动外形设计，降低能耗和噪声，从而减少对周围环境的影响。

无人机的飞速发展为多个领域带来了新的机遇。然而，无人机也面临着一些安全问题的挑战，如非法飞行、隐私泄露、干扰航空秩序等。为了保障公共安全，促进无人机行业健康有序发展，国家出台了一系列相关政策与措施，主要包括以下几个方面：

(1)制定完善无人机管理法规。政府已在无人机的研发、生产、销售、使用等各个环节制定完善的法规，以规范行业发展。同时，加强了对无人机相关企业的监管，提高了其准入门槛，以确保行业的可持续发展。

(2)加强无人机安全技术研究。鼓励国内外企业加大对无人机安全技术的研发投入，通过提高无人机的抗干扰能力、自主避障能力、定位精度等，降低无人机在飞行过程中的安全隐患。

(3)建立无人机实名登记制度。要求无人机用户对其名下的无人机进行实名登记，以便于管理部门对无人机进行有效监管。此外，加强对无人机飞行轨迹的监控，防止非法飞行现象的发生。

(4)加强对无人机行业的扶持。通过税收优惠、资金扶持、技术创新奖励等政策手段，鼓励企业开展无人机技术创新和应用研究，推动无人机产业的发展。

(5)增强公众安全意识和教育。加强对无人机使用者的安全教育，提高公众对无人机安全问题的认识。此外，还应普及无人机飞行法规，让广大群众了解如何合规合法地使用无人机。

(6)加强国际合作。在无人机技术研发和应用方面，我国积极参与国际合作，借鉴国际先进经验，提升我国无人机技术水平和竞争力。同时，注重与其他国家在无人机监管政策方面的沟通与协调，共同维护全球无人机产业的健康发展。

通过以上政策与措施，管理部门能够有效规范无人机行业发展，保障公共安全，促进无人机技术在各个领域的广泛应用。

1.2　无人机航测技术

1.2.1　无人机航测的定义

无人机航测是航空摄影测量的一种，主要面向低空遥感领域，其发展得益于无人机技术及数码相机技术的快速发展。航测无人机可分为固定翼无人机、旋翼无人机和复合翼无人机，通常由飞行器和遥控器组成，具有成本低、精度高、快速高效、灵活机动、适用范围广等特点。其中，固定翼无人机靠动力设备产生的推力经机身固定机翼产生升力，作业时，需要以较快的速度保持飞行姿态，其缺点是无法在空中随时悬停，会导致作业时无人机距测绘目标较远，获取的遥感影像分辨率较低；旋翼无人机是由其旋翼相对机身旋转而产生的升力保持飞行，3个旋翼以上的无人机称多旋翼无人机，可在空中悬浮，近距离拍摄测绘目标，拍摄获取的遥感影像分辨率高，速度较固定翼无人机低；复合翼无人机又称垂直起降固定翼无人机，其动力设备既包含固定翼，也包含旋翼，集二者的优点于一体，解决了固定翼无人机起降难的问题。无人机航测在小范围内测绘工作效率更具优势，已广泛应用于地形测绘、工程建设、土地资源调查、地质灾害应急处理、城市数字化建设、新农村及小城镇建设等方面。

1.2.2 无人机航测的特点

1. 作业成本低

就同样的测量区域而言，传统的人工测量所需人员、地形测绘费用是无人机航测的10倍左右，工期则是无人机航测的2倍左右。而无人机航测设备一经采购，其使用寿命较长，维护成本较低，测绘作业所需人工少，效率高，能有效地节省野外测量时间，经济成本较人工测绘有明显优势。由于无人机航测的作业周期短、测绘费用低，可极大地提高相关企业的市场核心竞争力，有助于企业扩大业务量，获得良好的经济效益。

2. 快速高效

采用无人机航测进行地形测绘时，工作人员可按测量区域实际情况设定无人机飞行路线，优化各项设置，合理控制无人机，使无人机在最优状态下垂直或倾斜采集测量区域的地理信息数据。现场作业时间短，获取影像数据高效便捷，能及时对测量区域的地理信息数据进行有效的分析和控制，快速高效地完成地形测绘任务，特别是在大比例尺的地形测绘作业中，能较好地完成质量控制，极大地降低测绘技术人员的工作强度，提高地形测绘的工作效率。

3. 机动性强

传统测绘现场作业时，其高程点需人工到位测量，在某些地形险峻、河流湍急、积水地带，人工测量条件难以满足。这时，无人机的机动性强、反应迅速、覆盖面广的优势就得以体现，而且其体积小，单人即可携带运输，现场作业操作简单，对操作场地和周边气候环境等的要求也不高。例如，多旋翼无人机随时随地可完成起飞作业任务，并根据现场实际信息接收情况，对有疑虑的测绘区域及时进行补测；遇到现场工况确实比较差的情况，无人机也可灵活暂停作业，待现场工况符合作业条件后，再继续开展后续的地形测绘工作。

4. 测绘精度高

人工测量无法到达特殊区域，常规测绘作业中常见的测点间隔过大等情况，都是影响最终地形成图精度的主要因素，无人机航测则可在不利环境下进行测绘作业，全方位获取测量区域地理信息数据。目前无人机航测时均配备精度极高的高清设备，在测绘作业时能快速清晰地获取测量区域地理信息数据，获得的数字影像分辨率高，并且影像中包含了坐标信息(即地形测绘所需的重要信息)，为地形成图提供了高精度的原始资料。无人机航测具备高协调性，可同时结合卫星遥感、航空测绘数据，及时与地面控制系统形成互动，迅速修正有误差的影像及数据，极大地保证了地形测绘数据的精度和质量。

1.2.3 无人机航测的作业流程

1. 区域确定与资料准备

根据任务要求确定无人机测绘的作业区域，充分收集作业区域相关的地形图、影像等资料或数据；了解作业区域地形地貌、气象条件及起降场、重要设施等情况，并进行分析研究，确定作业区域的空域条件、设备对任务的适应性，制定详细的测绘作业实施方案。

2. 实地勘察和场地选取

作业人员需要对作业区域及其周边环境进行实地勘察，采集地形地貌、植被、周边机场、重要设施、城镇布局、道路交通、人口密度等信息，为起降场的选取、航线的规划以及应急预案制定等工作提供资料。

3. 航线规划

航线规划是针对任务性质和任务范围，综合考虑天气和地形等因素，规划如何实现任务要求和技术指标，实现基于安全飞行条件下的任务范围的最大覆盖及重点目标的密集覆盖。航线规划宜根据 1∶5 万或者更大比例尺地形图、影像图来进行。

4. 起飞检查与作业实施

起飞前，必须仔细检查无人机系统设备的工作状态是否正常。

5. 数据质量检查与预处理

为了后续无人机影像数据处理的顺利完成，需要对获取的影像进行质量检验，剔除不符合作业规范的影像，并对影像数据进行格式转换、角度转换、畸变改正等预处理。

6. 数据处理与产品制作

运用目标定位、运动目标检测与跟踪、数字摄影测量、序列图像快速拼接、影像三维重建等技术对无人机获取图像数据进行处理，并按照相应的规范制作二维或三维无人机测绘产品。

1.2.4 无人机航测的应用

1. 国土遥感测绘

相较传统的测绘手段，无人机测绘凭借其机动灵活等特点，已在国土测绘领域发挥重要作用。通过快速获取测绘无人机航测数据，能够快速掌握测区的详细情况，应用于国土资源动态监测与调查、土地利用和覆盖图更新、土地利用动态变化监测、特征信息分析等。高分辨率的航空影像还可应用于区域规划等。

2. 选线设计

遥感无人机可应用于电力选线、公路选线、铁路选线，能够根据项目需求，快速获取线状无人机航空影像，为选线快速提供设计数据。此外，遥感无人机还可以针对石油、天然气管道辅助进行选线设计和全方位的监测，厘米级别的航空影像和高清视频能够协助进行安全监测与管理，同时利用管道压力数据，结合影像，可发现管道渗漏、偷盗等现象。

3. 环境监测

无人机可高效快速获取高分辨率航空影像，能够及时对环境污染进行监测，尤其是在排污治理方面。此外，海洋监测、溢油监测、水质监测、湿地监测、固体污染物监测、海岸带监测、植被生态监测等方面都可以借助遥感无人机拍摄的航空影像或视频数据来进行。水质调查监测、污染物监测、大气环境监测、固体废物监测、秸秆禁烧监测是无人机的主要应用方向。

4. 水利监测

在陆地上，遥感无人机可应用于洪涝监测、河道管理、河道污染监测等。可根据地形和河流情况，确定无人机航线，并进行应急监测、滩区洪水灾害监测、水污染等突发事件监测等。此外，遥感无人机还可应用于海岸带调查，如填海造地、水产养殖、海岸带变迁等情况调查，近海岛礁监测，船只、藻类及浮标等目标识别，以及海洋环境监测等。

5. 农林资源监测

高分辨率航空影像能够帮助提供准确的土地纹理和作物分类信息，可应用于农业用地分析、作物类型识别、作物长势分析、土壤湿度测定、农业环境调查、水产养殖区监测、森林火灾监测、森林覆盖率分析、森林植被健康监测、森林储积量评估等方面，还能够针对特定农业作物，确定种植面积、生长状况、生长阶段和产值预估，无人机在烟草农业物联网等行业有重要应用。

6. 变化分析

通过自定义重访周期，遥感无人机能够有效地对局部地区的动态变化进行监测。例如在水淹分析、拆迁赔偿等应用中，双方各执一词，引发很多矛盾，而利用遥感无人机进行航拍后，相关区域的变化在最终的影像上非常清楚地呈现，从而解决矛盾。在城市建设与规划、海岸水淹分析等领域中，遥感无人机也可以发挥重要作用。

7. 应急救灾

无人机较早应用于应急救灾。无论是汶川地震、玉树地震、盈江地震，还是舟曲泥石流、安康水灾，测绘无人机都在第一时间到达现场，并充分发挥灵活机动的特点，获取灾区的影像数据，对救灾部署和灾后重建工作的开展起到了重要作用。

1.3 坐 标 转 换

1.3.1 坐标系统基本理论

1. 地球椭球的基本概念

在测量学中，把用来表示地球的椭球称为地球椭球，它是地球的数学表示，它是经过一定选择的旋转椭球。

参考椭球是具有一定的几何参数、定位以及定向的，用来表示某一大地面的地球椭球（图 1-1）。各国根据局部的天文、大地和重力的测量资料，研究当地大地水准面的情况，确定一个与地球椭球接近的椭球，用来表示地球的参考形状及大小，以此作为处理大地测量成果的依据，一般称这个椭球的外表面为参考椭球面。参考椭球只能较好地接近大地水准面，并不能反映大地体的一切情况。

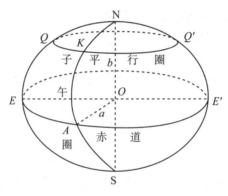

图 1-1 参考椭球

旋转椭球是某椭圆绕其自身短轴旋转而成的几何形体。子午椭圆的 5 个基本元素分别为：长半轴 a、短半轴 b、扁率 f、椭圆第一偏心率 e、椭圆第二偏心率 e'。其中 a、b 为长度元素，f 体现了椭球的扁平程度，e 和 e' 为椭圆的焦点偏离中心的距离分别与长短半轴的比值。要确定旋转椭球的形状和大小，只需要知道这 5 个基本参数中的一个长度元素和其他任意一个参数即可。如图 1-1 所示，O 为椭球中心，NS 是旋转轴，a 是长半轴，b 是短半轴；子午面是通过椭球旋转轴的平面，其与椭球面的交线叫作子午圈；平行圈是椭球面与垂直于旋转轴的平面截得的圆，其中经过椭球中心 O 的平行圈叫作赤道。

2. 常用坐标表现形式

为了表示椭球面上点的位置，必须建立相应的坐标系，选用不同的坐标系，其坐标表现形式也不同。在大地测量学中，通常采用的坐标系有大地坐标系、空间直角坐标系、平面直角坐标系等。在同一参考椭球基准下，大地坐标系、空间直角坐标系、平面直角坐标系是一一对应的，只是点的坐标表现形式不同。

1) 大地坐标系

大地坐标系是大地测量的基本坐标系，是全世界公用的最方便的坐标系统，对于研究地球形状、编制地图和大地测量的计算等方面都有很大作用。如图 1-2 所示在大地坐标系中，空间中任意点的位置采用大地纬度 B、大地经度 L 和大地高 H 来表示。

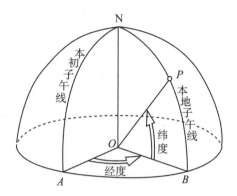

图 1-2　大地坐标系示意图

大地纬度是指空间中某一点 P 的法线与赤道面的夹角，赤道以北叫作北纬；赤道以南叫作南纬。大地经度是指点 P 所在的子午面与参考椭球的起始子午面所构成的夹角，起始子午面以东叫作东经，起始子午面以西叫作西经。大地高 H 即空间的点沿着参考椭球的法线方向到椭球面的距离，由椭球面起算，向外为正，向内为负。大地高程示意图如图 1-3 所示，它与正高 $H_{正}$ 和正常高 $H_{正常}$，存在以下关系：

$$H = H_{正} + N(大地水准面差距);$$
$$H = H_{正常} + \xi(高程异常)。$$

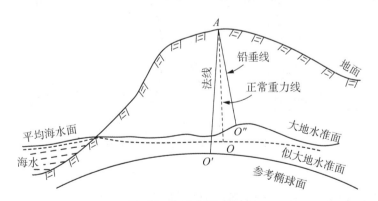

图 1-3　大地高程示意图

2) 空间直角坐标系

空间直角坐标系的坐标原点为椭球的中心，X 轴为赤道面和起始子午面的交线；将在赤道面上并与 X 轴垂直的方向定为 Y 轴；坐标系的 Z 轴为椭球的旋转轴，由此构成右手

直角坐标系 $O\text{-}XYZ$，如图 1-4 所示。

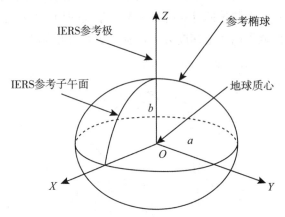

图 1-4 空间直角坐标系示意图

3）平面直角坐标系

在小范围内进行测量工作时如果用大地坐标来描绘点的空间位置是不适宜的，因此经常采用平面直角坐标。测量学中的平面直角坐标是利用某种投影变换（例如高斯投影），将空间坐标经数学变换映射至平面上的结果，投影变换的方法很多，我国通常采用高斯投影，因此在我国平面直角坐标系通常也称为高斯平面直角坐标系。一般选择高斯投影平面作为坐标平面，与数学中的平面直角坐标系不同的是，其 x 轴为纵轴，上（北）为正，y 轴为横轴，右（东）为正，方位角是从正北方向按顺时针方向计算出的夹角，如图 1-5 所示。

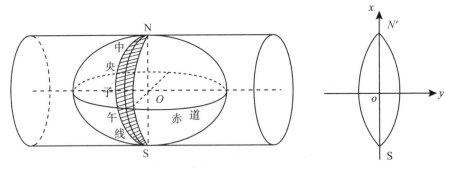

图 1-5 高斯投影平面直角坐标系

1.3.2 不同坐标系及不同椭球间的坐标转换

1. 坐标转换的基本概念

坐标转换是测绘实践中经常遇到的重要问题之一。坐标转换通常包含两层含义：坐标系变换和基准变换。

（1）坐标系变换：就是在同一地球椭球下，空间点的不同坐标表示形式间进行变换，包括大地坐标系与空间直角坐标系的相互转换、空间直角坐标系与站心坐标系的转换以及大地坐标系与高斯平面坐标系的转换（即高斯投影正反算）。

（2）基准变换：是指空间点在不同的地球椭球间的坐标变换。可用空间的三参数或七参数实现不同椭球间空间直角坐标系或不同椭球间大地坐标系的转换。

如在 WGS-84 坐标系下，某点的大地坐标(B, L, H)与空间直角坐标(X, Y, Z)之间的转换。坐标基准转换则为在不同坐标基准下的同一坐标表现形式的转换，必须求定两个不同坐标基准的转换参数才能进行转换。如 1954 北京坐标系与 2000 国家大地坐标系下空间直角坐标的转换。因此，从理论上讲，结合坐标系转换和坐标基准转换，便能在数据量足够多并精确的条件下，实现任意两个坐标基准之间不同坐标形式的转换。具体流程如图 1-6 所示。

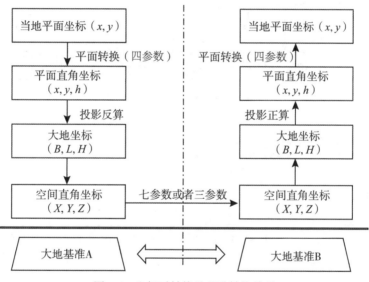

图 1-6　坐标系转换及基准转换关系

在工程上使用的坐标主要是小区域范围的平面投影坐标，因此在接收机获取到 WGS-84 的经纬度坐标时需要做进一步的坐标转换。工程中涉及的坐标转换方法，包括以下三种：四参数+高程拟合法（一步法）、七参数+四参数+高程拟合法（两步法）、七参数法。

下面以 WGS-84 椭球下的坐标系转换到北京 54 椭球坐标系的过程为例来介绍这三种转换过程。如图 1-7 所示，由接收机获取到的 WGS-84 的大地坐标(B, L, H)经过坐标转换得到其 WGS-84 空间直角坐标，然后直接赋值给北京 54 空间直角坐标系，在北京 54 椭球参数下进行空间直角坐标向大地坐标(B, L, H)转换，然后再进行高斯投影，从而获得平面直角坐标。这里获取的投影坐标是有误差的，因此要通过提供四参数以及高程拟合参数分别对平面坐标及高程异常进行水平垂直矫正。

如图 1-8 所示，在 WGS-84 空间直角坐标向北京 54 空间直角坐标转换过程中需要已知椭球间的转换七参数来进行转换，最后再进行平面坐标及高程异常矫正。图 1-9 所示，坐标转换只需提供椭球间转换七参数即可，转换结果不进行矫正。

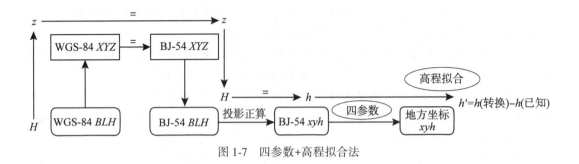

图 1-7　四参数+高程拟合法

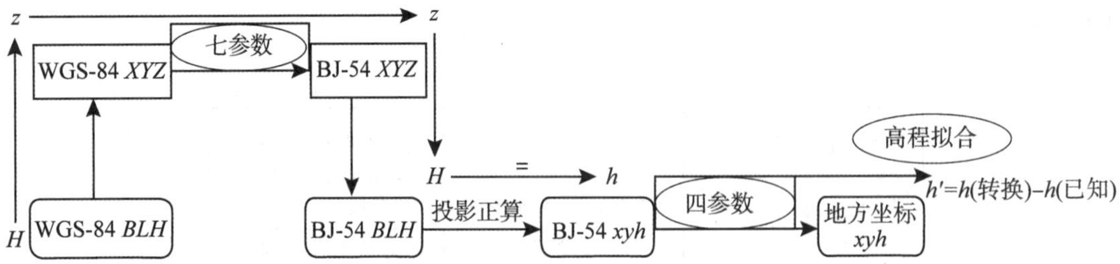

图 1-8　七参数+四参数+高程拟合法

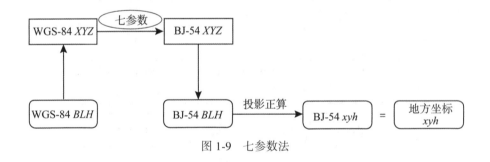

图 1-9　七参数法

2. 坐标转换

1) 大地坐标转换为空间直角坐标($BLH \rightarrow XYZ$)

在相同的基准下，将大地坐标转换为空间直角坐标。公式为

$$\begin{bmatrix} X \\ Y \\ Z \end{bmatrix} = \begin{bmatrix} (N+H)\cos B\cos L \\ (N+H)\cos B\sin L \\ [N(1-e^2)+H]\sin B \end{bmatrix}$$

其中：N 为卯酉圈的半径，$N = \dfrac{a}{\sqrt{1-e^2\sin^2 B}}$，$e^2 = \dfrac{a^2-b^2}{a^2}$，$a$ 为地球椭球的长半轴，b 为地球椭球的短半轴。

2) 空间直角坐标转换为大地坐标($XYZ \rightarrow BLH$)

在相同的基准下，将空间直角坐标转换为大地坐标。公式为：

$$\begin{cases} L = \arctan\left(\dfrac{Y}{X}\right), \\ B = \arctan\left(\dfrac{Z(N+H)}{\sqrt{(X^2+Y^2)}\left[N(1-e^2)+H\right]}\right), \\ H = \dfrac{Z}{\sin B} - N(1-e^2)_{\circ} \end{cases}$$

利用该式计算有一个问题：后两式中有交叉变量，因此必须采用迭代的方法。可采用下面的办法处理，首先用下式求出 B 的初值：

$$B = \arctan\left(\dfrac{z}{\sqrt{X^2+Y^2}}\right)_{\circ}$$

然后，利用 B 的初值求出 H、N 的初值，再次求定 B 的值。

$$\begin{cases} N = \dfrac{a}{\sqrt{1-e^2\sin^2 B}}, \\ H = \dfrac{Z}{\sin B} - N(1-e^2), \\ B = \arctan\left(\dfrac{Z(N+H)}{\sqrt{(X^2+Y^2)\left[N(1-e^2)+H\right]}}\right)_{\circ} \end{cases}$$

也可以采用如下的直接算法。公式为：

$$\begin{cases} L = \arctan\left(\dfrac{Y}{X}\right), \\ B = \arctan\left(\dfrac{Z+e^2 b\sin^3\theta}{\sqrt{X^2+Y^2}-e^2 a\cos^3\theta}\right), \\ H = \dfrac{\sqrt{X^2+Y^2}}{\cos B} - N, \\ e^2 = \dfrac{a^2-b^2}{b^2}, \\ \theta = \arctan\left(\dfrac{Z\cdot a}{\sqrt{X^2+Y^2}\cdot b}\right)_{\circ} \end{cases}$$

1.3.3 参数计算过程

由前可知，坐标转换过程中需要提供四参数、七参数以及高程拟合参数，那么这些参数是怎么得到的呢？

这节开始解密参数的计算过程。在使用测量大师软件做参数计算时，当选择四参数+高程拟合参数的方法时，四参数及高程拟合参数计算如图 1-10 所示。首先要有至少两组 GNSS 坐标和已知控制点坐标；先按照箭头的流程进行坐标转换，当转换到北京 54 平面投影坐标时，根据转换得到的坐标和已知的控制点平面坐标计算四参数；再按照箭头流程进行高程传递，根据转换得到的高和已知高计算出高程异常值，最后根据高程拟合算法计算拟合参数。此处的高程拟合方法包括：加权平均值法、平面拟合法、曲面拟合法、带状拟合法。

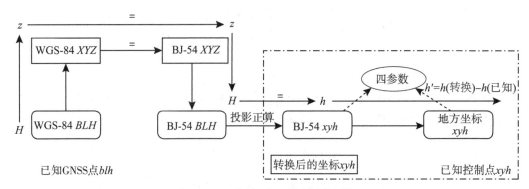

图 1-10 四参数+高程拟合计算图解

　　当选择七参数+四参数+高程拟合参数法时，算法流程如图 1-11 所示：首先要确保有至少三组 GNSS 坐标和已知控制点坐标；先按照箭头流程，将左侧 WGS-84 大地坐标转换成 WGS-84 空间直角坐标，将右侧地方控制点坐标通过逆投影转换成北京 54 大地坐标，然后再转成北京 54 空间直角坐标，最后通过至少三组 WGS-84 空间直角坐标和北京 54 空间直角坐标计算出七参数；再按照箭头流程，将已知 GNSS 坐标转换成 WGS-84 空间直角坐标，再使用计算出的七参数进行基准转换得到北京 54 空间直角坐标，并进一步转换成北京 54 平面坐标，从而与地方平面坐标进行对比计算出四参数；最后按照箭头流程通过七参数和四参数进行坐标转换，计算出高程异常值，进行高程拟合从而得到高程拟合参数。

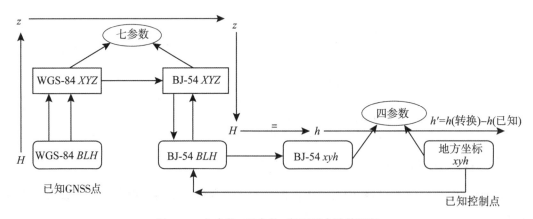

图 1-11 七参数+四参数+高程拟合计算图解

第 2 章　多旋翼无人机航测外业数据采集

2.1　无人机飞行法规

随着无人机技术的飞速发展和普及，无人机飞行已经成为我们生活中的一部分。在民用无人机多个领域广泛应用、多年迅猛发展的大背景下，无人机的安全问题也成为公众关注的焦点。国内曾经发生过多起无人机违规飞行对民航客机产生影响的事件，也曾经发生过无人机危及地面人员生命财产安全的事件。为了确保无人机飞行的安全与合法性，中国民航局也陆续颁布了一系列法律法规文件，来规范管理无人机的审定与运营工作，成为无人机产品成功的重要保障。

我国关于无人机的主要法律法规包括《民用无人驾驶航空器实名制登记管理规定》《关于公布民用机场障碍物限制面保护范围的公告》《无人驾驶航空器系统标准体系建设指南》《无人机围栏》和《无人机云系统接口数据规范》等。2023 年，国务院网站公布国家首部民用无人机专项法规《无人驾驶航空器飞行管理暂行条例》，2024 年 1 月 1 日开始施行，以下是关于该法规的说明和补充。

1. 无人机实名登记

《无人驾驶航空器飞行管理暂行条例》第十条规定：民用无人驾驶航空器所有者应当依法进行实名登记，具体办法由国务院民用航空主管部门会同有关部门制定。涉及境外飞行的民用无人驾驶航空器，应当依法进行国籍登记。

如果民用无人驾驶航空器未经实名登记实施飞行活动的，由公安机关责令改正，可以处 200 元以下的罚款；情节严重的，处 2000 元以上 2 万元以下的罚款。

民用无人机制造商应在"无人机实名登记系统"中填报其产品的名称、型号、最大起飞重量、空机重量、产品类型、无人机购买者姓名和移动电话等信息；在产品外包装明显位置和产品说明书中，提醒拥有者在"无人机实名登记系统"中进行实名登记，警示不实名登记擅自飞行的危害；随产品提供不干胶打印纸，供拥有者打印"无人机登记标志"。对于民用无人机拥有者，应在"无人机实名登记系统"进行实名登记；在其拥有无人机上粘贴登记标志；在"无人机实名登记系统"上更新无人机的信息。

民用无人机制造商和民用无人机拥有者在"无人机实名登记系统"（https：//uas.caac.gov.cn）上申请账户；民用无人机制造商在该系统中填报其所有产品的信息；民用无人机拥有者在该系统中实名登记其拥有产品的信息，并将系统给定的登记标志粘贴在无人机上。

2. 无人机运营管理

《无人驾驶航空器飞行管理暂行条例》第十一条规定：使用除微型以外的民用无人驾驶航空器从事飞行活动的单位应当具备下列条件，并向国务院民用航空主管部门或者地区民用航空管理机构(以下统称民用航空管理部门)申请取得民用无人驾驶航空器运营合格证：(1)有实施安全运营所需的管理机构、管理人员和符合本条例规定的操控人员；(2)有符合安全运营要求的无人驾驶航空器及有关设施、设备；(3)有实施安全运营所需的管理制度和操作规程，保证持续具备按照制度和规程实施安全运营的能力；(4)从事经营性活动的单位，还应当为营利法人。民用航空管理部门收到申请后，应当进行运营安全评估，根据评估结果依法作出许可或者不予许可的决定。予以许可的，颁发运营合格证；不予许可的，书面通知申请人并说明理由。使用最大起飞重量不超过 150 千克的农用无人驾驶航空器在农林牧渔区域上方的适飞空域内从事农林牧渔作业飞行活动(以下称常规农用无人驾驶航空器作业飞行活动)，无需取得运营合格证。取得运营合格证后从事经营性通用航空飞行活动，以及从事常规农用无人驾驶航空器作业飞行活动，无需取得通用航空经营许可证和运营合格证。

除此之外，第十二条还规定了使用民用无人驾驶航空器从事经营性飞行活动，以及使用小型、中型、大型民用无人驾驶航空器从事非经营性飞行活动，应当依法投保责任保险。

通常来讲，经营性活动是指为了获得经济利益而进行的有组织、有计划、连续的一系列交易和事件。为了实现盈利目标而进行的商业飞行，都属于经营性飞行活动。在无人机行业，经营性飞行活动一般包含以下几类：无人机航拍、无人机影视制作、农业无人机作业、基础设施监测、环境监测、物流运输、无人机培训、地质勘探等等。但如果是使用无人机为慈善组织、社区服务或其他非商业用途提供服务，并且没有盈利的动机，那这类飞行活动就不属于经营性飞行活动的范畴。

也就是说，当我们从事以上几类无人机活动时，不仅要取得无人机经营许可证，还要依法为无人机投保。如果未按要求取得运营合格证，或者违反运营合格证的要求实施飞行活动的，由民用航空管理部门责令改正，处 5 万元以上 50 万元以下的罚款；情节严重的，责令停业整顿直至吊销其运营合格证。而未按要求投保的，则由民用航空管理部门责令改正，处 2000 元以上 2 万元以下的罚款；情节严重的，责令从事飞行活动的单位停业整顿直至吊销其运营合格证。

3. 无人机人员管理

无人机类型分类如表 2-1 所示。从事微型、轻型民用无人驾驶航空器飞行操作的人员，无需取得操控员执照，但需熟练掌握相关机型操作方法，了解风险警示信息及管理体制。而对于操控小型、中型、大型民用无人驾驶航空器的人员，则应具备完全民事行为能力，接受安全操控培训，并通过民用航空管理部门的考核。此外，还需无可能影响操控行为的疾病病史，无吸毒行为记录，近五年内无因危害国家安全、公共安全或侵犯公民人身权利、扰乱公共秩序的故意犯罪受到刑事处罚的记录。在满足上述条件后，方可向国务院民用航空主管部门申请相应民用无人驾驶航空器操控员执照，进而开展飞行活动。

表 2-1　　　　　　　　　　　　　　　　　无人机类型表

类型	描　　述
微型无人机	空机重量小于 0.25 千克,最大飞行真高不超过 50 米,最大平飞速度不超过 40 千米/小时,无线电发射设备符合微功率短距离技术要求,全程可以随时人工介入操控的无人驾驶航空器
轻型无人机	空机重量不超过 4 千克且最大起飞重量不超过 7 千克,最大平飞速度不超过 100 千米/小时,具备符合空域管理要求的空域保持能力和可靠被监视能力,全程可以随时人工介入操控的无人驾驶航空器,但不包括微型无人驾驶航空器
小型无人机	空机重量不超过 15 千克且最大起飞重量不超过 25 千克,具备符合空域管理要求的空域保持能力和可靠被监视能力,全程可以随时人工介入操控的无人驾驶航空器,但不包括微型、轻型无人驾驶航空器
中型无人机	最大起飞重量不超过 150 千克的无人驾驶航空器,但不包括微型、轻型、小型无人驾驶航空器
大型无人机	最大起飞重量超过 150 千克的无人驾驶航空器
农用无人机	最大飞行真高不超过 30 米,最大平飞速度不超过 50 千米/小时,最大飞行半径不超过 2000 米,具备空域保持能力和可靠被监视能力,专门用于植保、播种、投饵等农林牧渔作业,全程可以随时人工介入操控的无人驾驶航空器

　　从事农用无人驾驶航空器常规作业飞行的人员无需获得操控员执照,但需接受农用无人驾驶航空器系统生产者的培训和考核。培训和考核需遵循国务院民用航空、农业农村主管部门的相关规定,合格后方可获得操作证书。

　　无民事行为能力人仅能操控微型民用无人驾驶航空器飞行,而限制民事行为能力人则仅能操控微型或轻型民用无人驾驶航空器飞行。若无民事行为能力人操控微型民用无人驾驶航空器飞行,或限制民事行为能力人操控轻型民用无人驾驶航空器飞行,应由满足前述条件的完全民事行为能力人现场予以指导。

4. 无人机空域管理

　　管制空域,是一个划定的空域空间,在其中飞行的航空器要接受空中交通管制服务。未经空中交通管理机构批准,不得在"管制空域"内实施无人驾驶航空器飞行活动。

　　管制空域的具体范围由各级空中交通管理机构按照国家空中交通管理领导机构的规定确定,由设区的市级以上人民政府公布,民用航空管理部门和承担相应职责的单位发布航行情报。管制空域通常划设在飞行比较繁忙的地区,如机场起降地带、空中禁区、空中危险区、空中限制区、地面重要目标、国(边)境地带等区域的上空。在此空域内的一切空域使用活动,必须经过飞行管制部门批准并接受飞行管制。

　　管制空域一般指真高 120 米以上空域,空中禁区、空中限制区以及周边空域,军用航空超低空飞行空域,以及下列区域上方的空域。它包括:①机场以及周边一定范围的区域;②国界线、实际控制线、边境线向我方一侧一定范围的区域;③军事禁区、军事管理区、监管场所等涉密单位以及周边一定范围的区域;④重要军工设施保护区域、核设施控制区域、易燃易爆等危险品的生产和仓储区域,以及可燃重要物资的大型仓储区域;⑤发电厂、变电站、加油(气)站、供水厂、公共交通枢纽、航电枢纽、重大水利设施、港口、高速公路、铁路电气化线路等公共基础设施以及周边一定范围的区域和饮用水水源保护区;⑥射电天文台、卫星测控(导航)站、航空无线电导航台、雷达站等需要电磁环境特殊保护的设施以及周边一定范围的区域;⑦重要革命纪念地、重要不可移动文物以及周边一定范围的区域;⑧国家空中交通管理领导机构规定的其他区域。

管制空域的具体范围由各级空中交通管理机构按照国家空中交通管理领导机构的规定确定,由设区的市级以上人民政府公布,民用航空管理部门和承担相应职责的单位发布航行情报。

管制空域范围以外的空域为微型、轻型、小型无人驾驶航空器的适飞空域。

未经批准操控微型、轻型、小型民用无人驾驶航空器在管制空域内飞行,或者操控模型航空器在空中交通管理机构划定的空域外飞行的,由公安机关责令停止飞行,可以处500元以下的罚款;情节严重的,没收实施违规飞行的无人驾驶航空器,并处1000元以上1万元以下的罚款;构成犯罪的,将依法追究刑事责任;造成人身、财产或者其他损害的,将依法承担民事责任。

5. 无人机适航管理

我国在无人机适航管理方面制定了一系列严格的要求,涵盖了无人机的设计、制造、使用和维修等环节。从事中型、大型民用无人驾驶航空器系统的设计、生产、进口、飞行和维修活动,应当依法向国务院民用航空主管部门申请取得适航许可。

我国无人机适航管理包括:

设计阶段:无人机的设计应符合相关适航标准,确保无人机具备良好的飞行性能和安全性能。设计单位需对无人机进行全面的风险评估,并采取措施消除或控制潜在危险。

制造阶段:无人机制造过程中,企业需按照设计图纸和工艺要求进行生产,确保无人机质量。同时,企业需建立完善的质量管理体系,对生产过程进行严格控制,确保无人机的安全性能。

试验阶段:无人机试验分为预生产试验、生产试验和飞行试验等阶段。试验单位需按照相关标准和规定进行试验,验证无人机的飞行性能和安全性能。试验结果需提交民航局进行审查。

使用阶段:无人机在使用过程中,需遵守相关法规和标准,确保安全飞行。使用单位需对无人机进行定期检查和维护,确保无人机始终处于良好状态。此外,使用单位还需制定应急预案,应对突发情况。

维修阶段:无人机维修单位需具备相应资质,按照维修手册和相关规定进行维修。维修过程中,需对无人机进行全面检查,确保维修质量。维修单位需定期将维修情况上报民航局。

从事微型、轻型、小型民用无人驾驶航空器系统的设计、生产、进口、飞行、维修以及组装、拼装活动,无需取得适航许可,但相关产品应当符合产品质量法律法规的有关规定以及有关强制性国家标准。

6. 无人机运行管理

无人机在使用前，需向空中交通管理机构申请空域。组织无人驾驶航空器飞行活动的单位或者个人应当在拟飞行前 1 日 12 时前向空中交通管理机构提出飞行活动申请，申请时需提供无人机型号、使用目的、飞行时间、飞行高度、飞行范围等信息。空中交通管理机构应当在飞行前 1 日 21 时前作出批准或者不予批准的决定。微型、轻型、小型无人驾驶航空器在适飞空域内的飞行活动、常规农用无人驾驶航空器作业飞行活动无需申请；警察、海关、应急管理部门辖有的无人驾驶航空器，在其驻地、地面（水面）训练场、靶场等上方不超过真高 120 米的空域内的飞行活动也无需申请，但需在计划起飞 1 小时前经空中交通管理机构确认后方可起飞。

在操控无人驾驶航空器实施飞行活动的过程中，需依法取得许可证书、证件，并随身携带备查。实施飞行前需做好安全准备，检查状态并及时更新信息；掌握飞行动态，保持与空中交通管理机构的通信联络，服从管理；按照规定保持必要的安全间隔。操控微型航空器需保持视距内飞行；操控小型航空器需遵守限速、通信等规定；夜间或低能见度条件下飞行需开启灯光系统；实施超视距飞行需掌握其他航空器动态，采取防相撞措施；避免受到酒精、麻醉剂等药物影响操控；遵守其他规范。

操控无人机实施飞行活动时，需遵循以下规则：避让有人驾驶航空器、无动力装置的航空器以及地面、水上交通工具；单架飞行需避让集群飞行；微型无人机需避让其他无人机；还需遵守国家空中交通管理领导机构规定的其他避让规则。在紧急情况下，无人机驾驶员应迅速采取措施并通知空中交通管理机构，该机构将采取相应措施以确保无人机安全降落。

无人驾驶航空器禁止进行以下行为：违法拍摄军事、军工设施或其他涉密场所；扰乱机关、团体、企业、事业单位工作秩序或公共场所秩序；妨碍国家机关工作人员执行职务；投放违规宣传品或其他物品；危害公共设施、单位或个人财产安全；危及他人生命健康；非法采集信息；侵犯他人人身权益；非法获取、泄露国家秘密；违法向境外提供数据信息；法律法规禁止的其他行为。使用民用无人驾驶航空器从事测绘活动的单位需依法取得测绘资质证书。外国无人驾驶航空器或外国人员操控的航空器不得在我国境内进行测绘、电波参数测试等飞行活动。

2.2　多旋翼无人机航测作业前准备

2.2.1　项目分析及技术路线

小面积测区可以提前一天在 DJI Polit 地面站软件上规划好测区。大面积测区可以使用图新地球或奥维地图软件规划测区，进行合理分块，导出测区 KML，将 KML 导入 DJI Polit 规划航线。

1. KML 的定义

KML 即 keynote markup language，最初为 Google 定义的文件格式，用以描述地图中的关键数据，如路径、标记位置、叠加图层等信息。因此，使用 KML 文件可以记录一个简单的只包含街道、路径、多边形、标记位置等信息的简单地图，不包含高程、地形地貌等复杂信息。KML 文件最终被 OGC 组织采纳为国际通行标准。

KML 格式便于在 Internet 上发布并可通过 Google 地球和 ArcGIS Explorer 等许多免费应用程序进行查看，因此常用于与非 GIS 用户共享地理数据。KML 文件要么以".kml"为扩展名，要么以".kmz"(表示压缩的 KML 文件)为扩展名。

KML 可以由要素和栅格元素组成，这些元素包括点、线、面和影像，以及图形、图片、属性和 HTML 等相关内容。尽管通常将 ArcGIS 中的数据集视为独立的同类元素(例如，点要素类只能包含点，栅格只能包含像元或像素，而不能包含要素)，但单个 KML 文件却可以包含不同类型的要素，并可包含影像。

2. KML 在航测的应用

1) 帮助了解项目情况

通常情况下，乙方在给甲方做出项目报价前，需要提前了解项目的具体情况，比如项目地点，项目区域地形地貌，带状还是面状、是否存在特殊情况等等。而帮助乙方准确获取项目信息的最好方式就是 KML，通过 KML 与卫星影像相结合快速定位，获取项目区域信息。比如将 KML 导入奥维地图，如图 2-1 所示。

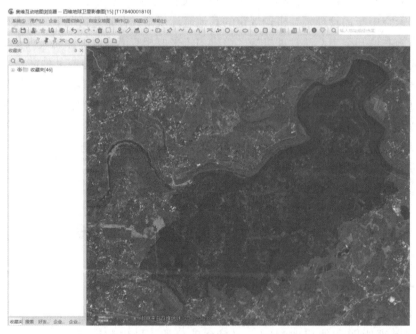

图 2-1　KML 导入

KML 格式直观形象，但在实际过程中，会遇到甲方提供的 CAD 格式的情况。通常来讲，航测会有相应的要求，一般会根据对应的规划、设计图纸来定，所以甲方提供的基本上是 CAD 格式文件。而 CAD 图纸多数没有投影，拿到这些数据，再定位到指定位置非常麻烦，需要专业人士处理。

实际上，针对航测，通常只需要一个明确的界限即可，而且现阶段航测工作者能够将CAD和GIS相结合的很少，为了工作效率的提高，尽量使用KML文件。

2）航线规划

现阶段地面站基本支持KML格式的航线规划，可以直接将KML文件导入地面站，自动生成航线。通过KML可以有效地调整飞机的飞行路线，平滑的路线有助于保证飞行数据的重叠度，这点对固定翼无人驾驶航空器而言尤为重要。

在航线规划上，天源欧瑞地面站还能对落差大的地形进行"真"分层规划，保证相对航高下的分辨率，提高大落差地区的测绘精度，解决大落差地区的测绘难题。

2.2.2 勘察现场

为明确任务目标，包括精度要求、区域范围及测区概况，需进行现场实地踏勘。主要了解测区的情况有无禁飞区，地形地貌，房屋分布(如房屋密集程度，道路是否通畅，楼层高度是否遮挡GPS信号，测区内建筑物最大高度)等。通过对测区的踏勘，了解测区的基本情况，以便布设相控点、规划航线、制定飞行方案；同时，为保证测量精度，飞行相对高度较低，现场踏勘可有效保障飞行安全。

2.2.3 制定项目技术方案

根据项目制定完整的技术方案，技术方案包括以下内容：项目概述、作业依据、技术要求、总体技术方案、成果提交、质量控制措施、安全生产保障措施等。

2.2.4 航测任务规划

根据项目的要求及测区的实际情况，确定航飞的基本参数，制定合理的飞行作业计划，确定数据整理的统一格式。

2.3 多旋翼无人机航测作业流程

2.3.1 航线规划

无人机航线规划是任务规划的核心内容，需要综合应用导航技术、地图信息技术以及远程感知技术，以获得全面详细的无人机飞行现状以及环境信息，结合无人机自身技术指标特点，按照一定的航线规划方法，制定最优或次优路径。因此，航线规划需要充分考虑电子地图的选取、标绘、航线预定规划以及在线调整时机。

航线规划一般分为两步：首先是飞行前预规划，即根据既定任务，结合环境限制与飞行约束条件，从整体上制定最优参考路径；其次是飞行过程中的重规划，即根据飞行过程中遇到的突发情况，如地形、气象变化、未知限飞禁飞因素等，局部动态地调整飞行路径或改变动作任务。

常用的航线规划方案有两种，一种是"S"形航线，另一种是构架线。

1. 航线计算公式

相对航高 $=f \times m$（f 表示主距，m 表示比例尺分母）；

基准面高 $= \dfrac{最高点 + 最低点}{2}$；

绝对航高 $=$ 基准面高 $+$ 相对航高；

$m = \dfrac{地面分辨率}{像元大小}$；

摄影基线 $B = L_x \cdot m \cdot (1-p)$，

航线间隔 $D = L_y \cdot m \cdot (1-q)$，

其中 L_x 表示相片宽度，L_y 表示相片高度，p 表示航向重叠度，q 表示旁向重叠度。

分区航线条数 $= \dfrac{分区宽度}{D}$；

每航线照片数 $= \dfrac{航线长度（分区长度）}{B}$；

每航线照片数 $= \dfrac{航线长度 + 2B}{B}$，因为要求两端需要超出摄区边界不少于 1 条基线，因此要加上 $2B$；

相片总数 $=$ 分区航线条数 $\times$ 每航线照片数；

摄区模型数 $=$ 分区航线条数 $\times$（每航线照片数 -1）。

2. 重叠率设置

像片重叠度是指飞机沿航线摄影时，相邻像片之间或相邻航线之间所保持的影像重叠程度。前者称为航向重叠度，后者称为旁向重叠度。重叠率是以像片重叠部分的长度与像幅长度之比的百分数表示。

为满足航测成图的要求，一般规定：航向重叠度为 60%，最少不得少于 53%；旁向重叠度为 30%，最少不得少于 15%；当地形起伏较大时，还需要增加因地形影响的重叠百分数。

根据项目需求不同，重叠度可做以下调整：

（1）航测生产地形图：航向重叠度一般设置为 80% ~ 85%，旁向重叠度一般设置为 80% ~ 85%；

（2）生产正射影像 DOM，航向重叠度一般设置为 70% ~ 80%，旁向重叠度一般设置为 60% ~ 70%；

（3）无人机倾斜三维建模要求航向重叠度和旁向重叠度至少达到 80%。

3. 航测比例尺选择

在航测项目中，选择合适的比例尺是关键，它直接影响到成图的质量和效率，详细的选择指南如表 2-2 所示。

成图比例尺	航摄比例尺	地面分辨率（m）	地面采样间隔 GSD（cm）
1：500	1：2000～1：3500	0.1	4～7
1：1000	1：3500～1：7000	0.1	7～14
1：2000	1：7000～1：14000	0.2	14～28
1：5000	1：10000～1：12000	0.5	20～40
1：10000	1：12000～1：40000	1.0	40～80
1：25000	1：2.5万～1：6万	2.5	50～120
1：50000	1：3.5万～1：8万	5.0	70～160

表 2-2　　　　　　　　　　　　　成图比例尺与航摄比例尺关系

2.3.2 控制点测量

摄影测量中的外业控制测量是在测区内测定影像控制点的平面位置和高程值，用于内业几何定位，是内业影像解析和测图的基础。其主要目的为计算待求点的平面位置、高程和像片外方位元素，达到影像和实际地物的正射投影。

在数字摄影测量发展阶段，影像的获取和解析全部实现数字化，外业控制测量的重要性尤为显著。影像所包含的空间信息是以灰度值矩阵来表示的，为了达到影像的正确匹配和无差异重叠，需要对影像进行高精度的正射投影校正和影像灰度阈值分析，以便将灰度矩阵进行最小误差匹配和数字型数据显示。为了获取相同基准的影像数据，必须通过控制测量方法建立基准转换系统，而控制点的布设位置、布设精度和布设密度都会影响基准的转换精度。

2.3.3 航测像控点布设及测量

根据测区地形环境的不同，一般有两种布设方案，分别是在航飞之前布设控制点和在航飞之后布设控制点。对于山区或者地面标志物较少的地区，没有明显的特征点，所以需要在航飞之前布设像控点。对于建筑密集的城市，有明显的特征点，则可以在飞行之后布设控制点。

外业控制点的选择和布设直接关系到最终影像匹配精度，所以遵从控制点的布设原则，保证控制点的布设密度，选择合适的控制点位是外业控制点布设的几个基本要求。

1. 布设原则

像控点一般按航线全区统一布设，在测区内构成一定的几何强度。像控点布设要在整个测区均匀分布，选点要尽量选择固定、平整、清晰易识别、无阴影、无遮挡区域。如斑马线角点、房屋顶角点，方便内业数据处理人员查找（如无明显地标可人工喷油漆或撒白灰的方式设置地标）。

如果是大面积规整区域，像控可按照品字形布点。如果区域面积很大且精度要求较低时，可适当抽稀测区内部像控。如果是带状测区，需要在带状的左右侧布点，可以按照

"S"或"Z"字形路线布点。

像控点需选择较为尖锐的标志物,尽量选择平坦地方,避免树下及房角等容易被遮挡的地方。如果没有的话可以人工打点,人工像控点应该选择能够持久存在的东西;如果喷漆,宽度不得低于30cm,并且棱角分明。

像控点标志物尺寸应大于70cm,并且不易出现方向性错误,明显显示是标志物的哪一部分。像控点和周边的色彩需要形成鲜明对比,如果周边是深色,则标志以浅色为主,如果地面周边以白色为主,则可喷红色油漆。如果选择地物作为特征点,应该选择较大的地物,并且提供2~4张现场照片说明像控点的位置,至少包含一张点的近景位置和一张周边景物位置。

像控点布设的密度,首先要考虑测区地形和精度要求。如地形起伏较大,地貌复杂,需增加像控点的布设数量(10%~20%)。很多飞机有RTK或者PPK后差分系统,理论上可以减少地面控制点的数量,可以根据项目测试经验自行调整。

2. 像控点的量测

像控点的测量一般采用"GPS RTK"的方法。采集前,一定先确认所需要像控点坐标的参数,椭球、坐标系、中央子午线等参数是否正确;确定并设置对应仪器天线高的量取方式和天线高(像控点高程尤为重要);采集时,气泡居中或者用三角对中杆固定,确认好所测像控点位置以及对应点号,不能搞错点号与之对应的坐标。尽量使用平滑方式采集3~5次,避免测量粗差。

2.3.4　飞行前安全检查

1. 检查飞机

检查飞机固件是否为最新固件,若不是需将固件升级为最新固件。飞机和遥控器开机,在飞机地面站上检查飞机各项功能是否正常。检查无人机机臂固定套筒是否安装正确并牢固,检查无人机的桨叶转动情况和完整性。

2. 检查相机

将相机安装在飞机上进行手动测试,测试相机拍照等各项功能是否正常。赛尔智控的相机,可以连接航测管家检查相机固件是否为最新固件,相机状态是否正常,检查相机拷贝数据功能是否正常,检查完毕后清空相机内的数据。建议相机清理数据时使用赛尔航测管家清理数据,相机在使用一段时间后,可以格式化五个视角的盘符,以保证相机可以正常存储数据。起飞之前要在地面手动试拍五张,用于检测相机工作状态是否正常,有利于拷贝数据时区分架次,便于在拷贝数据前检查每个架次数据是否正常。

2.3.5　执行飞行作业及注意事项

无人机航测一般选在上午或下午,因为上午或下午地面上的景物比较清晰,有足够的照度,容易获取更好的影调效果。航飞过程中应密切关注飞行器状态,如飞行高度、飞行速度以及实时图传、飞行器卫星数、遥控器信号和飞行器电池电量等。通过遥控器显示屏的相机回传信息小窗口，监测相机五个视角是否正常持续拍照。此外，无人机航测在拍摄过程中，还需要注意海拔、地形地貌、风力风向、电磁雷电几大因素。

1. 海拔

测区的海拔应该满足无人机的作业要求，无人机飞行的高度应该大于当地的海拔和航高。

2. 地形和地貌

地形和地貌主要影响无人机成图的质量。对于地面反光强烈的地区，如沙漠、大面积的盐滩、盐碱地等，在正午前后不宜摄影；对于陡峭的山区和高密集度的城市地区，为了避免阴影，应在当地正午前后进行摄影。

3. 风力和风向

地面的风向决定无人机起飞和降落的方向，空中的风向对飞行平台的稳定性影响很大，尽量在风力较小时进行摄影航测。

4. 电磁和雷电

无人机空中飞行平台和地面站之间通过电台传输数据，要保证导航系统及数据链的正常工作不受干扰。在实际到达现场时，应记录现场的风速、天气、起降坐标等信息，留备后期的参考和总结。

第3章 多旋翼无人机航测内业数据生产

3.1 航测照片质量检查

1. 避免无人机航拍影像曝光

影像的曝光过度或不足、影像的重影、散焦与噪点，将严重影响三维建模的质量。为了避免这类曝光问题、在外出航拍时尽量提前看天气预报，在多云的天气拍摄比大晴天更好，如果必须在晴天拍，最好选择中午时分使阴影区域最小化。

2. 无人机航拍快门选择

拍摄前调试使用最合适的快门、光圈、ISO 值。这三者参数相同点：都可以调节曝光的明暗度，光圈大、ISO 高、快门速度慢都会曝光过亮。而不同点：光圈可调节景深，小光圈景深大，大光圈景深小；景深无法通过 ISO、快门来控制。ISO 除了明暗调节还有一个特点是降低画质，ISO 高了画质就会降低，所以升高 ISO 在三要素里是最后考虑的。

3.2 内业数据生产常见成果及作用

二维模型重建可以生产 TIF 格式的 DOM、DSM 图像，三维模型重建可以生产点云格式（PNTS \ LAS \ S3MB \ PLY \ PCD 格式）和实景三维模型（B3DM \ OSGB \ PLY \ OBJ \ S3MB \ I3S 格式）。

数字正射影像图（Digital Orthophoto Map，DOM），是对航空（或航天）相片进行数字微分纠正和镶嵌，按一定图幅范围裁剪生成的数字正射影像集，同时具有地图几何精度和影像特征的图像。

数字高程模型（Digital Elevation Model，DEM）是通过有限的地形高程数据实现对地面地形的数字化模拟（即地形表面形态的数字化表达），是用一组有序数值阵列形式表示地面高程的一种实体地面模型。

3.3 内业数据生产基本流程

3.3.1 垂直摄影测量处理流程

垂直摄影测量处理流程如图 3-1 所示。

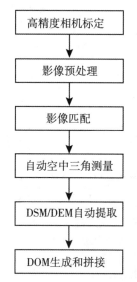

图 3-1　垂直摄影测量处理流程图

3.3.2　倾斜摄影测量处理流程

倾斜摄影测量处理流程如图 3-2 所示。

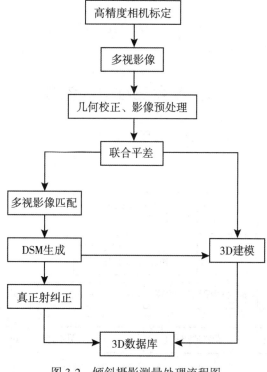

图 3-2　倾斜摄影测量处理流程图

3.3.3　3D 模型构建流程

3D 模型构建流程如图 3-3 所示。

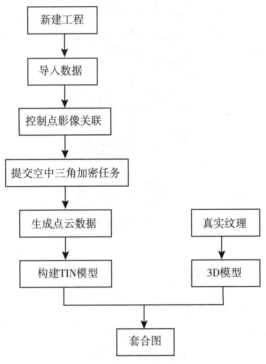

图 3-3　3D 模型构建流程图

3.4　实景三维建模流程

实景三维模型生产主要包括数据预处理、空中三角测量和实景三维模型输出等步骤（图 3-4）。

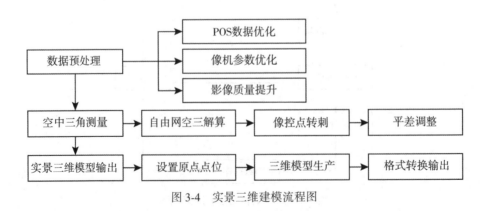

图 3-4　实景三维建模流程图

3.4.1 数据预处理

1. POS 数据优化

航飞过程中通常只记录下视镜头的外方位元素，即曝光时的姿态(外方位的三个角元素)和位置(外方位的三个线元素)。即 5 个镜头只能使用下视镜头获取的 POS 数据进行空三解算，因此误差较大，需要对 POS 数据进行优化。首先利用下视镜头像机单独进行空中三角测量解算，得到精确的外方位元素，然后结合五拼像机安置参数，即 5 个像机之间的关系对 5 个镜头的 POS 数据进行转换，得到优化后的 5 个 POS 数据成果。

2. 像机参数优化

空中三角测量解算需利用导入的像机检校参数完成数据解算，精确的检校参数对于空中三角测量解算来说至关重要，因此需要对像机参数进行优化。选取每个镜头对应的 100 张影像，利用优化后的 POS 数据，完成空中三角测量数据解算，得到 5 个像机精确的检校参数。

3. 影像质量提升

由于航飞时天气阴沉，故航飞获得的原始影像整体偏暗，需进行匀光匀色处理，以提高影像的亮度和质量。利用航天远景的 EPT 软件，选取一幅地物信息丰富、质量较好的影像作为参考影像，对 5 组原始影像进行匀色处理，减小影像之间的色差；利用 Photoshop 软件，创建工程，对匀色后的影像进行亮度调整，提高影像的整体亮度和对比度。

3.4.2 空中三角测量

空中三角测量解算是三维建模中的重要环节，因为空三精度直接决定后续建模的精度。在导入优化后的 POS 数据、像机参数和影像后，提交空三任务；设置任务路径，采用集群方式提取连接点，利用 POS 数据进行相对坐标系下的平差调整。由于航片是中心投影，影像边缘存在较大误差，为提高精度，在对像控点转刺时，只对于位在影像中间部分的点进行转刺，对位于影像边缘的点不转刺。转换完成后进行平差解算，得到像控点坐标系下的空三加密成果。测区平差报告中，加密点重投影中误差为 0.64 个像素，像控点三维坐标中误差为 ±0.015 m，误差小于 2/3 个像元，精度符合规范要求。

3.4.3 实景三维模型输出

设置框架坐标系、模型发布坐标系与像控点坐标系一致，结合计算机内存大小，选择平面规则划分方式，瓦片大小通常设置为 150 m。考虑到后期要与其他测区模型接边，需要手动设置瓦片命名原点坐标和模型发布原点坐标与其他测区相一致。模型格式选择 OSGB 格式，在完成 OSGB 格式模型的输出后，再转换得到 OBJ 格式和 TDOM 格式。

31

3.5 大疆智图实景三维建模流程

3.5.1 简介

大疆智图是专为行业应用领域设计的 PC 应用程序,可控制 DJI 飞行器按照规划航线(二维或三维)自主飞行,还可进行二维地图重建、三维模型重建、农田规划等。大疆智图适用场景广泛,有助于提高农业植保、搜索救援、消防等领域任务的执行效率。大疆智图按照可以使用的功能可分为农业版、专业版、测绘版、电力版和集群版。用户可通过 DJI 官方商城或代理商渠道购买,然后在大疆智图中激活和绑定。

农业版:包含实时二维建图、二维重建(农田及果树场景)、二维多光谱重建、农业应用、激光雷达点云处理等功能。

专业版:在农业版的基础上,增加 KML 文件导入、输出坐标系选择、二维重建(城市场景)影像 POS 导入、兴趣区域建模、三维重建、基于重建结果的二维/三维航线规划(仅航点飞行任务)、多显卡重建、激光雷达点云精度优化等功能。

测绘版:在专业版的基础上,增加像控点管理功能。

电力版:在测绘版的基础上,增加三维重建(电力线场景)、精细化巡检功能。

集群版:包含以上所有功能,并且在执行重建任务时,可使用同一局域网中的多台设备进行集群重建。

3.5.2 软件主界面介绍

大疆制图的软件界面如图 3-5、图 3-6 所示。

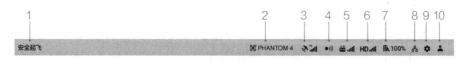

图 3-5 大疆制图软件主界面截图

(1)飞行器状态提示栏中的安全起飞:显示飞行器的飞行状态以及各种警示信息。

(2)飞行器连接状态:显示飞行器的连接状态。

(3)GNSS 信号强度:显示当前 GNSS 信号强度及获取的卫星数。

(4)视觉避障系统状态:显示视觉避障系统是否正常工作。

(5)遥控器链路信号质量:显示遥控器与飞行器之间遥控信号的质量。

(6)高清图传链路信号质量:显示飞行器与遥控器之间高清图传链路信号的质量。

(7)飞行器电池电量:显示当前飞行器电池剩余电量。

(8)集群重建设置:若使用集群版,则显示此图标。点击进入集群重建设备列表进行设置,详见集群重建。

(9)设置菜单:

图 3-6　大疆制图软件主界面截图

①飞控参数设置，可设置返航高度、飞行距离限制、限高等。

②云台相机设置，可选择照片质量、测光模式等。

③遥控器设置，可切换遥控器连接模式为 PC 模式或 App 模式，更改摇杆模式，对遥控器 C1、C2 按键进行自定义设置。

④感知设置，开启/关闭视觉感知系统。

⑤通用设置，可进行坐标纠偏，选择地图源，设置长度单位、面积单位、语言，更改缓存目录等。

(10)账户信息：进行账户登录/注销，激活许可证，查看解禁证书列表、版本号及隐私权政策，设置隐私数据开关。

(11)地图模式：点击可切换地图模式为标准地图、卫星地图或路网图。

(12)定位：若连接飞行器，则点击图标以飞行器当前位置为中心显示地图；若未连接飞行器，有网络连接，则点击图标以当前网络位置为中心显示地图；若无网络连接，则定位至系统默认初始位置或上一次关闭软件时的位置。

(13)显示/隐藏限飞区：点击可在地图上显示或隐藏 DJI 规定的限飞区。

(14)自建地图列表：点击显示自建地图列表，选中(可多选)则地图界面上显示所选的自建地图，未选中则不显示。

(15)搜索：可输入名称搜索地图上的位置。

3.5.3　可见光重建

1. 功能简介

可见光重建包括二维重建和三维重建。其中二维重建是基于摄影测量原理利用无人机采集的影像生成所摄区域的数字表面模型(DSM)及数字正射影像(DOM)的过程；三维重建是基于摄影测量、计算机视觉中的多视几何及计算机图形学等原理利用无人机采集的影像生成所摄物体实景三维模型的过程。

用户可通过可见光重建功能,获得高精度二维地图或三维模型,广泛应用于地形测绘、工程测量与维护、地质灾害调查、消防救援、抢险救灾、国土调查、城市规划、文物保护、农业植保等领域。

二维重建基本流程为:数据导入→空三→二维重建

三维重建基本流程为:数据导入→空三→三维重建

其中,空三是二维、三维重建的必要步骤,可单独进行空三,也可与二维/三维重建一起开展。

2. 数据导入

1)新建重建任务

启动 DJl Terra 软件并登录后,点击左下角新建任务,选择【三维模型】任务类型(图3-7)。

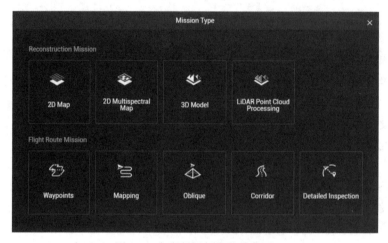

图 3-7　大疆制图任务菜单截图

2)添加影像

添加影像界面截图如图 3-8 所示。

可通过以下两种方式添加原始影像:

(1)从计算机中选择影像进行数据添加,可 Ctrl+A 全选所有照片进行导入。

(2)从计算机中选择影像所在文件夹,进行数据添加;若文件夹下有子文件夹,会自动添加所有的子文件夹下的影像。

注意影像所在的文件夹文件路径不能带特殊字符,如#,否则像控点页面刺点视图将无法显示。

3)影像管理

点击影像右侧的〉来管理影像。影像按照所在文件夹进行分组显示,点开各个分组的列表以查看并管理影像,如图 3-9 所示。

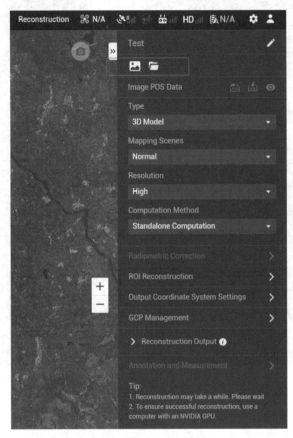

图 3-8　添加影像界面截图

3. 导入影像 POS 数据

影像 POS 数据记录了影像的地理位置、姿态以及其他定位辅助信息，准确的影像 POS 可提升重建速度及成果精度。部分第三方相机的 POS 与影像是分开的，需要执行导入 POS 的操作。大疆无人机及大疆负载（如 P4R、P1 等）采集的数据，都是将 POS 写入照片，无需执行此步骤。某些第三方相机没有将 POS 写入照片，可使用影像 POS 导入功能，将 POS 与照片对应，如图 3-10 所示。如果需要地方坐标系的成果，可使用坐标转换工具将原始影像的 POS 转换成地方坐标系的 POS 再进行导入。操作流程如下：

（1）根据影像 POS 数据导入格式要求准备 POS 数据文件。大疆智图支持导入 txt 和 csv 格式的数据。数据信息至少包含影像名称（需为绝对路径，并带 .jpg 后缀）、纬度（X/E）、经度（YN）、高程（ZU）以及姿态角度等信息，txt 文件可以使用逗号、点、分号、空格、制表符作为列分隔符，请确保 POS 信息中影像名称与导入数据的影像数据名称对应且唯一。

如需对影像自带的 POS 数据进行坐标转换，可在【影像 POS 数据】右侧点击【导出 POS 数据】按钮，将影像 POS 数据导出，使用第三方坐标转换工具（如 Coord）转换后再导入。

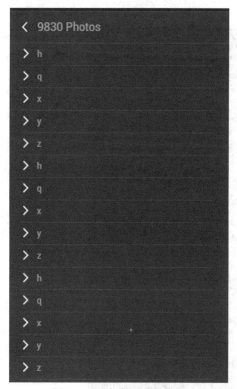

图 3-9　照片分组列表截图

图 3-10　导入 POS 数据操作截图

（2）在【影像 POS 数据】右侧点击【导入 POS 数据】按钮，选择需要导入的 POS 数据文件。需要注意的是，如果影像本身不带 POS，导入 POS 后软件页面也不会显示 POS 点位，但在重建时会使用导入的 POS 数据进行重建。如果影像本身带 POS，导入转换后会覆盖原有 POS 数据。

（3）在【文件格式】按导入数据的格式分别设置【忽略文件前几行】、【小数分隔符】、【列分隔符】。

【数据列定义】窗口将根据【文件格式】的设置显示数据。

【忽略文件前几行】用于删除数据文件中的标题及样例行。

【小数分隔符】用于定义小数点的显示形式（不同国家小数点的标识方式不同）。【列分隔符】用于定义文件内容各列间的分隔符号。

（4）在【数据属性】设置【POS 数据坐标系统】及【高程设置】。如坐标系特殊可选择任意坐标系。对于系统中没有的高程系统，可以将高程设置为 Default（椭球高）

（5）【高度偏移】可整体增加或降低高度，小范围椭球高与海拔高的高程异常可视为固定值，可通过该参数设置快速将椭球高调整为海拔高。

（6）【姿态角】可选择影像姿态信息，大疆智图支持 Yaw、Pitch、Roll 以及 Omega、Phi、Kappa 格式的姿态信息，如没有姿态信息可选择无。

（7）【POS 数据精度】可设置影像 POS 数据的精度，如选择使用 Terra 默认精度，大疆智图将根据影像的 XMP 信息自动判断每张照片是否为 RTK 状态采集的。如是，则默认水平精度为 0.03m，垂直精度为 0.06m；如不是，则默认水平精度为 2m，垂直精度为 10m；如使用的是第三方相机，或导入 PPK 后差分结果，请自定义精度并定义数据列的精度选项。

(8)【数据列定义】可选择每列数据的对应项，然后点击下方【导入】按钮进行 POS 数据导入。

3.5.4 空三

空三是指摄影测量中利用影像与所摄目标之间的空间几何关系，通过影像点与所摄物体之间的对应关系，计算出相机成像时刻相机位置姿态及所摄目标的稀疏点云的过程。处理空三后，能快速判断原始数据的质量是否满足项目交付需求以及是否需要增删影像。二维重建和三维重建都必须先做空三处理。

空三参数设置如下：

1. 场景

不同的场景对应不同的匹配算法，可根据拍摄方式的不同选择合适的场景。其中，普通：适用于绝大多数场景，包括倾斜摄影和正射拍摄的数据。环绕：适用于环绕拍摄的场景，主要针对细小垂直物体的重建，如基站、铁塔、风力发电机等。电力线：适用于可见光相机(如 P4R)采用垂直电线的"Z"字形拍摄电力线的场景(图 3-11)。

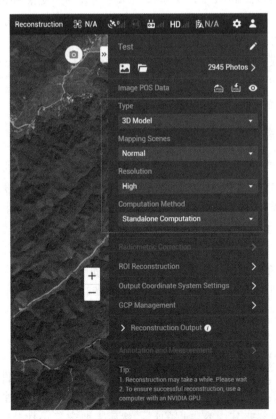

图 3-11 软件建模类型选择截图

2. 计算模式

如果电脑有集群权限，此处可选择单机计算或集群计算。如果电脑仅有单机权限，则看不到"计算模式"选项。

3. 高级设置

1）特征点密度

高：单张影像提取较多的特征点，适用于对成果精度和效果要求较高的场景。低：单张影像提取较少的特征点，适用于需要快速出图等场景。

2）被摄地物距离

【被摄地物距离】设置项，表示采集数据时，相机与被摄地物的距离，如有多个不同距离，则取最短距离。此参数用于指导空三分块，被摄地物距离越大，空三解算越慢。

3.5.5　像控点

像控点是在影像上能够清楚地辨别，且具有明显特征和地理坐标的地面标识点。可以通过 GPS、RTK、全站仪等测量技术，获取像控点的地理坐标。然后通过软件刺像控点的方式将像控点与拍摄到该点的照片关联起来。像控点分为控制点和检查点，控制点用于优化空三的精度，可提升模型精度，也可实现地方坐标系或 85 高程系统的转换。检查点用于检查空三的精度，可通过检查点来定量对精度做评价。

在进行二维重建或三维重建时，用户可在添加影像后导入像控点，利用像控点提高空三的精度和鲁棒性、检查空三的精度以及将空三结果转换到指定的像控点坐标系下，提高重建结果的准确度。

1. 像控点文件准备

（1）使用像控点功能前请先准备像控点文件，像控点文件中的信息应包括：像控点名称、纬度/X/E、经度/Y/N、高程/ZU、水平精度（可选）、高程精度（可选），各项之间用空格或制表符隔开。需要注意的是，如果是投影形式的像控点，X 指的是东方向的值，一般是 6 位数或 8 位数（加带号）；Y 指的是北方向的值，一般是 7 位数，切记 X、Y 不要弄反了。

（2）点击【像控点管理】进入像控点管理页面，页面主要包括像控点列表、像控点信息、照片库、空三视图、刺点视图。刺点视图在选择照片库中的影像后，将出现在空三视图左侧。可在此页面添加像控点、刺点，进行空三解算及优化。

2. 像控点导入

（1）在像控点列表，点击【导入像控点文件】按钮，将像控点文件导入（图 3-12）。

（2）导入像控点后，首先需要对文件格式进行定义，如果文件中的首行是数据格式说明等非坐标信息，则应忽略其内容占据的行；然后需要定义小数分隔符，大部分国家使用点"."，也有使用逗号","的，注意甄别；最后需要定义列分隔符，有"逗号""空格""分号""制表符"这四种，如果有多个分隔符号，可以勾选"连续分隔符号视为单个处理"选

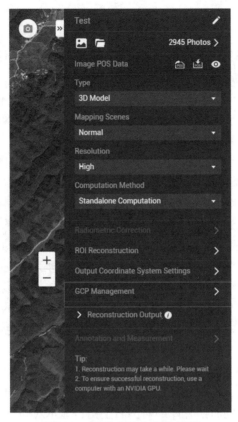

图 3-12 像控点导入操作截图

项，以正确分列。

（3）在定义数据格式后，应选择像控点的坐标系统及高程系。如果 POS 高程为椭球高，像控点高程为 5 高，或者像控点使用的是地方坐标系，则应将坐标系选择为"任意坐标系"。

（4）最后，在数据列定义中，分别通过下拉菜单的方式指定每个数据列的相应定义，完成后点击"导入"即可。

（5）如果是通过其他设备刺点，可以将整个刺点文件导出，再通过【导入刺点文件】按钮导入 json 格式的刺点文件。

3. 像控点编辑

（1）如需添加或删除像控点，可点击像控点列表的【+】/【-】按钮进行操作，按住 Ctrl 键可选中多个像控点，按住 Shift 键可选中两次鼠标点击之间的所有控制点。

（2）在像控点列表选中一个像控点，可在下方编辑该像控点信息，如设置像控点为控制点或检查点，编辑水平精度、垂直精度以及符合像控点坐标系的坐标值。

（3）在进行刺点操作前，先点击【空三】按钮，对影像进行空三处理，处理完成后将在左侧区域显示空三解算结果，包括相机位姿和点云。

4. 刺点优化

刺像控点是把外业采集的像控点地理坐标与看到这个点的照片相关联的过程，无论是控制点还是检查点，要想起作用的话都需要做刺点操作。

(1)在进行刺点操作前，建议先点击【空三】按钮，对影像进行空三处理，做完空三后像控点预测位置将更加准确。也可以不做空三直接刺点，这样像控点预测位置会不准确，需要多花时间查找点的位置。

针对特殊的坐标系，刺点流程：空三→导入像控点文件→将坐标系调整为任意坐标系→刺点→关闭影像 POS 约束→优化。

针对已知坐标系，且高程系统与无人机数据采集时一致，刺点流程：空三→导入像控点文件→像控点坐标系选择为已知坐标系→刺点→影像 POS 约束保持打开→优化。

针对已知坐标系，且高程系统为使用了 85 海拔高时(比如 CGCS2000+85 高)，刺点流程：空三→导入像控点文件→像控点平面坐标系统选择为对应已知坐标系→高程系选择"Yellow Sea 1985 height – EPSG：5737"→刺点→影像 POS 约束保持打开→优化。

(2)选中任一像控点，在照片库右方开启【仅展示带控制点的】选项，点击照片库中包含此像控点的某张影像，左侧区域将出现刺点视图，其上的蓝色准星表示所选像控点投影到此影像中的预测位置。

(3)在刺点视图的影像上，按住鼠标左键可拖动影像，滑动滚轮可缩放影像。点击影像使用黄色准星进行刺点，标记像控点在影像上的实际位置。刺点在刺点视图和照片库缩略图中显示为绿色十字，同时照片库缩略图右上角将显示对勾标记，表示此为刺点影像。

(4)点击刺点视图上方的【删除】图标，可删除该影像上的刺点信息。

(5)对于同一像控点，在第三张影像刺点完成后，蓝色准星的预测位置会根据刺点位置变化实时更新，像控点信息下方的刺点【重投影误差】和【三维点误差】亦会更新。

(6)【重投影误差】及【三维点误差】可用于判断刺点精度与原始 POS 精度的误差。依据误差不同，数字颜色会呈绿色、黄色、红色变化，如果刺完某张照片之后该误差突然变大，请核查是否刺错了位置。建议在一个测区使用至少 5 个分布均匀的控制点，单个控制点的刺点影像不少于 8 张(若为五镜头的数据，建议每个镜头的刺点影像不少于 5 张)，影像位置尽可能分散，且刺点点位避开影像边缘。当新加入照片的预测位置与实际位置基本一致时，则该像控点无需再刺点。

(7)如果开启【使用影像 POS 约束】，则 RTK 照片初始 POS 的平面精度 0.03m，高程精度 0.06m，此初始 POS 会与像控点同时对空三起到约束的功能。

如果 POS 与像控点在同一个坐标系及高程系统下，建议打开此按钮，会大幅提升重建效率和精度；如果使用了地方坐标系或 85 高程系统的像控点，建议像控点坐标系选择"任意坐标系"，关闭【使用影像 POS 约束】按钮；如果使用地方坐标系且制作了地方坐标系的 PRJ 文件，采用导入 PRJ 形式定义像控点坐标系，建议关闭【使用影像 POS 约束】按钮。

(8)所有像控点刺点完成后，点击【优化】按钮，进行空三优化解算，完成后将生成空三报告，左侧区域的空三也将更新为优化后结果。空三报告中重点关注控制点或检查点的误差及整体误差。如误差过大，则精度不合格，需要对误差较大的点重新刺点或增加像控点数量。

（9）选中像控点，可在下方的像控点信息查看优化后的重投影误差和三维点误差。亦可查看空三质量报告中的控制点/检查点的误差情况。

（10）点击【导出像控点】按钮可将控制点及刺点信息导出为 json 文件用于其他任务。

（11）确认精度无误后，返回任务主界面进行下一步操作。

大疆智图支持免像控数据处理，也可省去刺像控点步骤，直接点击【空三】，等待空三处理完成，点击【质量报告】，可查看空三成果质量。

5. 输出坐标系——已知坐标系

在二维重建和三维重建时，用户可在添加照片后，设置输出坐标系，如图 3-13 所示。若照片不包含 POS 信息，则输出坐标系默认为"任意坐标系"。若已添加的照片包含 POS 信息，二维重建默认设置为该任务所处的 UTM 投影坐标系。需要注意的是，如果刺了像控点，则输出坐标系一定要与像控点坐标系保持一致，否则会出现成果与像控点坐标匹配不上的情况。

用户可通过导入 PRJ 文件和在大疆智图坐标系库中搜索两种方式设置已知坐标系，如图 3-14 所示。

图 3-13 输出坐标系设置截面

图 3-14 已知坐标系选择截图

导入 PRJ 文件：在 https：//spatialreference.org 网站查询并下载需要的坐标系 .PRJ 文件，然后在大疆智图中点击①将其导入。如果是自定义坐标系，可再下载一个公开的 PRJ 文件，然后修改目标坐标系统名称、七参数、目标椭球中央子午线、目标椭球东加常数、目标椭球北加常数等 5 个参数。

搜索：在"水平设置"和"高程设置"下拉选项中选择"水平坐标系数据库"和"垂直坐标系数据库"，输入坐标系名称或授权代号，选择对应的坐标系搜索结果，然后点击"确定"，如图 3-15 所示。

图 3-15 坐标系统参数选择截图

国内常见的 CGCS 2000 3 度带坐标系整理如下，其中 EPSG 代号为 4513~4533 为含代号的 3 度带，此投影坐标系下的 X 值都会加上代号作为前缀，如 EPSG；4513 投影带所有的坐标，X 都是 25 开头的，共 8 位；而 EPSG 代号为 4534~4554 为不含代号的 3 度带，此投影坐标系下的 X 值不会加上代号作为前缀。一般情况下，如果测区较大，涉及多个投影带，则会使用带代号的投影带（EPSG：4513~EPSG：4533）；测区较小，则使用不带代号的投影带（EPSG：4534~EPSG：4554）。

3.5.6 点击"开始重建"

点击"开始重建"，如图 3-16 所示。

图 3-16 模型重建菜单截图

3.5.7　三维模型输出格式

大疆制图软件可以生成多种文件格式的模型，如图 3-17 所示。

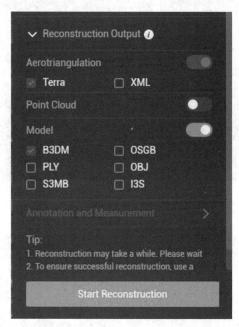

图 3-17　生成模型类型截图

(1)B3DM 格式：默认生成以在 Terra 显示(LOD 模型格式，适合在 Cesium 中显示)。

(2)OSGB 格式：LOD 模型格式。

(3)PLY 格式：非 LOD 模型格式。

(4)OBJ 格式：非 LOD 模型格式。

(5)S3MB 格式：超图 LOD 模型格式。

(6)I3S 格式：LOD 模型格式。

多层次细节模型(Level of Detail，LOD)，以金字塔形式存储模型，会将模型用若干很小的瓦片进行存储。一般情况下，LOD 形式的模型浏览起来会更快。

水面平整：开启该功能后，将会自动识别测区范围内的水体，并进行模型压平，得到平整的水面模型。

3.5.8　模型成果

1. 点云

点云模型如图 3-18 所示。

2. 三维模型

三维模型如图 3-19 所示。

图 3-18   柳州某乡村点云模型截图

图 3-19   柳州城市职业学院三维模型截图

3.6   南方 CASS11 软件操作

　　CASS 软件是基于 AutoCAD 平台开发的一套集地形、地籍、空间数据建库、工程应用、土石方算量等功能为一体的软件系统。广泛应用于土地测绘、城市规划、建筑设计等领域，可以帮助用户高效地完成各种测绘任务，需搭配 AutoCAD 软件使用。

3.6.1 DOM 影像加载及基本绘制

1. 点击"数据"-"加载大影像"

点击"数据"-"加载大影像"，如图 3-20 所示。

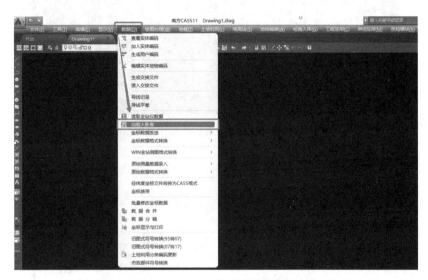

图 3-20　CASS 软件加载大影像操作界面截图

2. 选择"影像列表"-"添加影像"-"本地影像"

选择"影像列表"-"添加影像"-"本地影像"，如图 3-21、图 3-22 所示。

图 3-21　软件加载影像操作界面截图

（1）选择需要操作的 DOM 影像并打开，如图 3-23 所示。

（2）等待进度条加载完成，如图 3-24 所示。

（3）双击影像列表的影像打开，如图 3-25 所示，打开后的模型界面如图 3-26 所示。

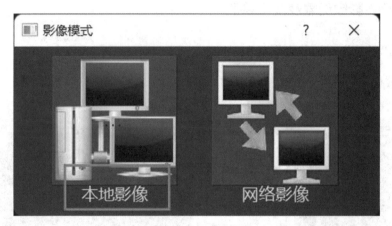

图 3-22　选择加载本地影像操作界面截图

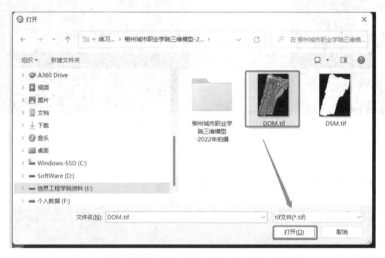

图 3-23　选择加载 DOM 影像操作界面截图

图 3-24　软件加载文件进度条截图

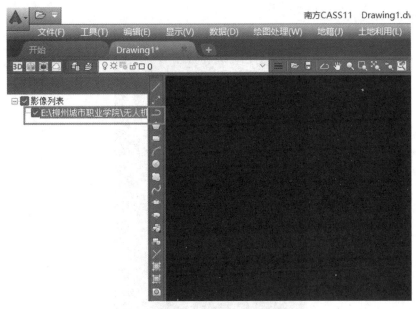

图 3-25　影像列表截图

图 3-26　模型加载完成界面截图

3.6.2　房屋及附属绘制

1. 利用正射影像进行房屋绘制

1)选择合适的地物符号

例如选择居民地类型中的一般房屋地物符号，如图 3-27 所示。

2)直角边建筑物绘制

选择"多点混房屋"，在图上点击绘制(图 3-28)，按照顺时针或者逆时针进行绘制，绘制到最后的一个点时按键盘上的"C"对地物进行闭合，并标注房屋的层数(图 3-29)。

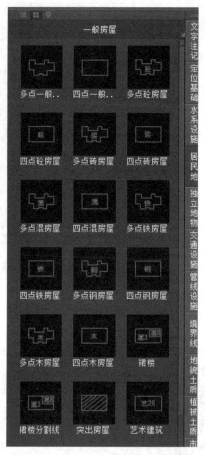

图 3-27　一般房屋地物符号截图

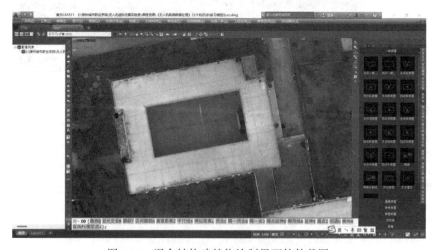

图 3-28　混合结构建筑物绘制界面软件截图

H/反向F<指定点>]c

DD 输入层数(有地下室输入格式:房屋层数-地下层数) <1>:3

图 3-29 绘制房屋层数命令行显示界面截图

3) 带有弧度的建筑物绘制

选择"多点混房屋",在图上点击绘制,按照顺时针或者逆时针进行绘制,绘制到有弧度的地方,在键盘上输入"q"(图 3-30),然后在弧段的中间部分点一点,在弧段的结束部分点一点。如果绘制弧段的地方比较长,可以按照上述步骤继续输入"q",进行绘制。同时绘制到最后的一个点时按键盘上的"c"对地物进行闭合,并标注房屋的层数(图 3-31)。

图 3-30 弧形结构建筑物示意图

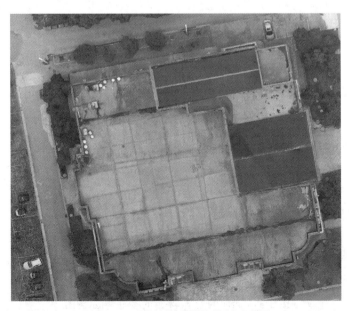

图 3-31 弧形结构建筑物绘制示意图

2. 房屋附属的绘制

1）台阶的绘制

根据个人需要可以选择以下三种方式：

（1）两点边：先绘制 1 号点，然后按照逆时针的方向依次绘制 2、3、4 号点（如图 3-32）。

图 3-32　台阶的绘制（两边点）示意图

（2）平行的多点边：先绘制台阶的一条边，绘制完成后按回车，如图 3-33 所示，根据实际情况选择如下的方式，边点式主要针对二维地图和三维地图，边宽式主要针对利用传统全站仪和 RTK 采集的数据进行绘图。

图 3-33　台阶的绘制（平行的多边点）示意图

（3）不平行的多点边：先绘制一条边，如 1、2、3 号点，然后在回车后依次点击 4、5、6、7 号点，如图 3-34 所示。

图 3-34　台阶的绘制（不平行的多边点）示意图

2）阳台的绘制

选择以下的几种方式都可以完成绘制，如图 3-35 所示。

DD 输入地物编码：<143301>140001 请选择：[（1）已知外端两点（2）皮尺量算（3）多功能复合线]<1>

图 3-35　阳台的绘制方式截图

（1）已知外端两点，选择阳台所在房屋的墙壁，然后选择阳台外的两点，这样就可以绘制完成了（图 3-36、图 3-37）。

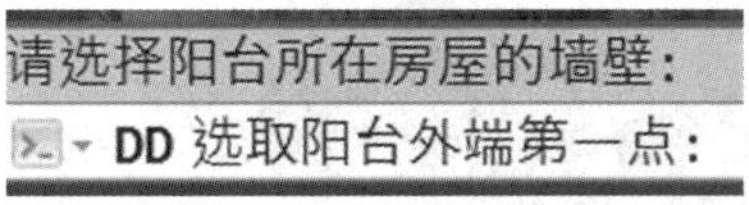

请选择阳台所在房屋的墙壁：
DD 选取阳台外端第一点：

图 3-36　阳台的绘制（已知外端两点）示意图

（2）皮尺量算：选择阳台所在墙壁的第一端点、第二端点，然后输入阳台的长度和宽度就可以了（图 3-38、图 3-39）。

（3）多功能复合线：依次点击阳台的四个角点就可以完成阳台的绘制，如图 3-40 所示。

CASS码:140001 国标码:3804033 名称:阳台

图 3-37 阳台的绘制(已知外端两点)示意图

空点

输入地物编码:<140001>140001 请选择:[(1)已知外端两点/(2)皮尺量算/(3)多功能复合线]<1>2
DD 请输入阳台所在墙壁第一端点:

图 3-38 阳台所在墙壁端点选择界面截图

图 3-39 阳台的绘制（皮尺量算）示意图

图 3-40 阳台的绘制（多功能复合线）示意图

第4章　多旋翼无人机测绘技术应用案例

多旋翼无人机测绘技术在当今工程测绘领域中扮演着日益重要的角色。其灵活性、高效性和精度优势使得其应用范围不断扩大，涵盖了从土地测量到环境监测等多个领域。本章将深入探讨多旋翼无人机在测绘领域的应用，重点关注其在房地一体不动产测量、挖填方量测量和高速公路巡查等方面的案例应用。首先，介绍多旋翼无人机测绘技术的基本原理和优势，包括飞行平台选型、传感器配置以及数据处理流程等方面。随后，针对不同的应用场景，深入分析多旋翼无人机在房地一体不动产测量、挖填方量测量和高速公路巡查等项目中的具体应用案例，从外业数据采集到内业数据处理，全方位展示多旋翼无人机测绘技术在工程测绘中的实际应用效果。

通过本章的学习，读者将深入了解多旋翼无人机在工程测绘领域的广泛应用，并掌握相关项目的实施方法和技术要点。同时，我们也将探讨未来多旋翼无人机测绘技术的发展趋势和潜在应用领域，为读者提供更深层次的思考和探索空间。

4.1　房地一体不动产测量应用案例

在房地一体不动产测量中，无人机航测技术发挥了重要作用，提供了高效、精确的测量解决方案。以下是无人机航测技术在房地一体不动产中的应用：土地利用规划、房地产开发与评估、土地登记和权属调查、环境监测与规划、城市更新与土地整治。

4.1.1　项目简介

项目位于某市七星区，项目主要内容包括指定范围线内约 5.6km² 的航飞影像和像控采集(图 4-1)。三维模型、正射影像、宗地图成果精度需满足符合 1:500 精度要求。

七星区，又称某国家高新技术产业开发区，位于某市区漓江东畔，下辖 4 个街道和 1 个乡、1 个华侨旅游经济区，区域面积 83km²，区政府驻某市七星区漓东街道骖鸾路 26 号高新开发大厦。地处北纬 25°12′01″~25°19′01″、东经 110°17′01″~110°24′01″。境域东西宽 10km，南北长 7.5km。东面与灵川县大圩镇交界，南面与雁山区柘木镇交界，西南以漓江为界，北面与叠彩区大河乡为界。地形东高西低，北高南低，地势低平，盆地呈南北延伸状，自北向南微倾斜，最高点为尧山主峰，海拔 909.3m；主要地貌类型包括峰林平原、孤峰平原为主的岩溶地貌和构造—侵蚀低山丘陵地貌。按岩石类型可分为岩溶地貌和非岩溶地貌，此外还包括漓江沿岸的流水侵蚀一堆积地貌。

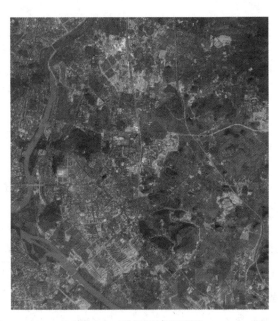

图 4-1　项目区域卫星图

4.1.2　项目分析

1. 项目的主要工作内容

（1）测区范围内无人机航飞影像采集。

（2）像控点布控。

（3）数据处理（模型与正射生产）。

（4）1∶500 宗地图绘制。

2. 项目技术要求

（1）平面坐标系统：采用 2000 国家大地坐标系，高斯–克吕格正形投影，按 3 度分带，中央子午线为东经 111°。

（2）高程系统：采用 1985 国家高程基准，高程系统为正常高，高程值单位为"米"。

（3）成图比例尺：1∶500。

（4）成果取位：各类控制点数据取至毫米。

（5）平面精度：模型相对于邻近像控点的平面点位中误差不大于 0.1m。

（6）高程精度：模型基准面高程相对于邻近像控点的高程中误差不大于 0.15m。

（7）成果数据格式为"＊.osgb"。

（8）实景三维模型不应有明显的模糊和重影。

（9）地形图精度要求：地形图基本精度指标符合 GB 50026—2020《工程测量标准》要求。图上地物点相对于邻近图根点的点位中误差，不应超过表 4-1 的规定。

表 4-1　　　　　　　　　　图上地物点点位中误差与间距中误差　　　　　　　　　单位：mm

区域类型	点位中误差
一般地区	0.8
城镇建筑区、工矿区	0.6
水域	1.5

注：实测困难的一般地区测图，点位中误差不宜超过表中限差的 1.5 倍。

（10）高程精度要求：等高线的插求点或数字高程模型格网点相对于邻近图根点的高程中误差，不应超过表 4-2 中的规定。

表 4-2　　　　等高线的插求点或数字高程模型格网点相对于邻近图根点的高程中误差

一般地区	地形类别	平坦地	丘陵地	山地	高山地
	高程中误差（m）	1/3 H	1/2 H	2/3 H	1 H
水域	水底地形倾角 α	α<2°	2°≤α<6°	6°≤α<25°	α≥25°
	高程中误差（m）	1/2 H	2/3 H	1 H	3/2 H

注：① H 为地形图的基本等高距（m）。
② 施测困难的一般地区测图，高程中误差不宜超过表中相应限差的 1.5 倍。
③ 当水深大于 20m 或工程精度要求不高时，水域测图的高程中误差不宜超过表中相应限差的 2 倍。

（11）工矿区建（构）筑物按用途可分为主要建（构）筑物和一般建（构）筑物两种类型，细部坐标点的点位和高程中误差，不应超过表 4-3 中的规定。

表 4-3　　　　　　　　　工矿区细部坐标点的点位和高程中误差　　　　　　　　　单位：mm

地物类别	点位中误差	高程中误差
主要建（构）筑物	50	20
一般建（构）筑物	70	30

（12）地形图的最大点位间距不应大于表 4-4 的规定。

表 4-4　　　　　　　　　　　　　地形点的最大点位间距　　　　　　　　　　　　单位：m

比例尺		1：500	1：1000	1：2000
一般地区		15	30	50
水域	断面间	10	20	40
	断面上测点间	5	10	20

（13）地形图上高程点的注记，当基本等高距为 0.5m 时，应精确至 0.01m，当基本等

高距大于 0.5m 时，应精确到 0.1m。

（14）数字正射影像图地面分辨率不应大于表 4-5 的规定。

表 4-5 数字正射影像图地面分辨率 单位：m

比例尺	1：500	1：1000	1：2000
影像图地面分辨率	0.05	0.1	0.2

（15）地面点的平面位置中误差，对应平坦地、丘陵地不应大于图上 0.6mm，对应山地、高山地不应大于图上 0.8mm。

（16）数字地形测量成果的质量检查应符合下列规定：①数字三维模型应进行集成关系和拓扑关系、平面和高程精度、纹理数据进行内业检查，并应符合 GB 50026—2020《工程测量标准》第 5.11.8 条的规定；②数字线划图应进行内外业质量检查，并应符合 GB 50026—2020《工程测量标准》第 5.8.11 条的规定；③数字正射影像图应进行数学基础、覆盖范围、影像清晰度、色彩均衡度、镶嵌拼接痕迹及地物点内业量测检查，并应符合 GB 50026—2020《工程测量标准》第 5.10.7 条的规定。

3. 项目作业依据

（1）CJJ/T 8—2011《城市测量规范》；

（2）CJJT 73—2011《卫星定位城市测量规范》；

（3）GB/T 18314—2009《全球定位系统（GPS）测量规范》；

（4）CH/T 2009—2010《全球定位系统实时动态测量（RTK）技术规范》；

（5）CH/T 1004—2005《测绘技术设计规定》；

（6）CH/T 3003—2021《低空数字航空摄影测量内业规范》；

（7）CH/T 3004—2021《低空数字航空摄影测量外业规范》；

（8）CH/T 3005—2021《低空数字航空摄影规范》；

（9）CH/T 9015—2012《三维地理信息模型数据产品规范》；

（10）DB32/T 1223—2008《GPS 高程测量规范》；

（11）GB/T 24356—2023《测绘成果质量检查与验收》；

（12）CH 1003—95《测绘产品质量评定标准》；

（13）GB/T 6962—2005《1：500 1：1000 1：2000 地形图航空摄影规范》；

（14）GB/T 7930—2008《1：500 1：1000 1：2000 地形图航空摄影测量内业规范》；

（15）GB/T 7931—2008《1：500 1：1000 1：2000 地形图航空摄影测量外业规范》；

（16）GB/T 15967—2008《1：500 1：1000 1：2000 地形图航空摄影测量数字化规范》；

（17）GB/T 20257.1—2017《国家基本比例尺地图图示 第 1 部分：1：500 1：1000 1：2000 地形图图示》；

（18）GB/T 20258.1—2019《基础地理信息要素数据字典 第 1 部分：1：500 1：1000 1：2000 比例尺》；

（19）GB 50026—2020《工程测量标准》；

（20）GB/T 17941—2008《数字测绘成果质量要求》；

（21）GB/T 24356—2023《测绘成果质量检查与验收》；

（22）GB/T 18316—2008《数字测绘成果质量检查与验收》。

4. 项目现有资料分析

测区范围即 Google Earth 的 kml 文件，用于制定踏勘路线、航线设计、内业处理范围等。

像控点坐标转换，即采用千寻测量出来的坐标由甲方转到 CGCS 2000 坐标系，1985 高程。

5. 数据采集的硬件和软件环境

硬件：RTK2 台（银河 6、南方创享）、无人机 2 台（M300RTK、智航 SF700A）、高中档电脑、移动图形工作站、三脚架 2 个、测高片 2 个、卷尺 2 个及网线 1 条。

软件：Microsoft Windows 操作系统、Google Earth、空三软件（Mirauge3D）、三维建模软件 ContextCapture Center、地形图采集软件南方航测三维测图软件、南方 CASS。

6. 安全文明生产保障措施

（1）在作业前和作业期间充分做好生产安全防范工作，确保文明生产、作业员人身安全和仪器设备安全；

（2）进入测区前，召开文明生产与安全教育会议，增强作业员安全生产意识，落实安全管理责任人；

（3）进行防蛇、防蜂、防洪及相应急救措施讲座，配备防护用品和有关药品；

（4）大雨天气一般不能进行野外作业，应在这时候加大室内工作力度；

（5）在建筑物密集地区作业时，应充分发挥激光测距仪的性能特点，尽量避免司镜员攀爬高楼、峭崖；

（6）进入林区要注意防火，吸烟要注意将火种熄灭；

（7）在街道、主要道路与高速公路作业时，作业人员要穿有反光标志交通服装，如果要设站时，测站要设的位置不得阻碍交通，并应在测站前后摆放安全交通标志；

（8）作业过程中，应尊重当地风俗习惯、爱护当地居民的财产，礼貌待人，避免发生冲突。

4.1.3　项目外业数据采集

1. 无人机航飞作业流程

采用无人机航飞采集主要包括以下工作：准备工作、航摄数据获取、航摄数据加工、成果检查验收、成果整理移交等环节，要求严格控制质量关键节点，各环节质检合格后才可移交下一环节。整体技术路线如图 4-2 所示。

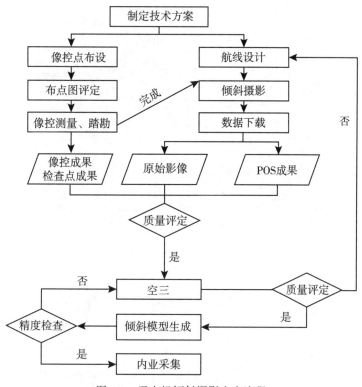

图 4-2　无人机倾斜摄影生产流程

1) 设备仪器

本项目范围比较大，起飞前需要在某市公安微信群报备，成果需要倾斜数据与正射数据，因此本项目航飞采用大疆精灵 4pro、大疆 M300RTK 多种飞机配合航飞。多旋翼无人机对起飞与降落响应比较快，并且该飞机具备 RTK+PPK POS 精度高，符合我们本次项目的要求。根据不同的飞行要求综合考虑实际情况，最终的挂载选择赛尔 102S 五镜头，这种挂载能在精度要求范围得到最优的成果，同时能兼顾飞行效率和安全。设备仪器如图 4-3、图 4-4 所示。

2) 飞行质量

地面分辨率：本次倾斜航飞采用五个索尼 5100 改装的五镜头相机，6000×4000，2400 万像素，设计地面分辨率优于 1.5cm。

像片重叠度：倾斜飞行航向重叠度为 80%，旁向重叠度为 70%；正射飞行航向重叠度为 80%，旁向重叠度为 70%。

3) 航摄时间及起飞地点

天气条件与空域时间允许的情况下，倾斜航飞不超过两周，点云数据采集不超过两周，实际飞行天数以现场情况而定。航飞条件包含以下几个方面：

(1) 风速条件：

①无人机飞行对近地区域气流反应灵敏，起飞和降落的地面风力 1~2 级为宜。

图 4-3　大疆 M300RTK 无人机

图 4-4　智航 SF700A 无人机

②无人机飞行应具备 4 级风力气象条件下安全飞行的能力。

③需在飞行平台最大可承受风速内进行安全飞行，具体要求参照各飞行平台参数。

（2）能见度条件：

①飞行宜在天气晴朗，较为通透。

②当空气能见度较差时，宜降低航高或增加感光度以保证影像质量。

（3）温度条件：

兼顾传感器、飞行平台正常工作温度，宜在 0~40℃ 范围内。

（4）光照条件：

①航摄时，应保证具有充足的光照度，能够真实显现地表细部，同时应避免过大阴影。

②沙漠、大面积盐滩、盐碱地、戈壁滩，当地正午航摄应注意采集设备曝光设置，正

午前后各 2 小时内不宜摄影。

③高山地和高层建筑物密集的大城市宜在当地正午前后各 1 小时内摄影。

（5）航线规划：

因多旋翼无人机飞行范围有限，本次起飞场地以安全第一并兼顾实际飞行效率，根据前期现场考察已经找到 10~15 处适合起降的场地，基本能满足本项目的作业要求。根据项目情况设计飞行高度 95m，部分航线如图 4-5、图 4-6 所示。

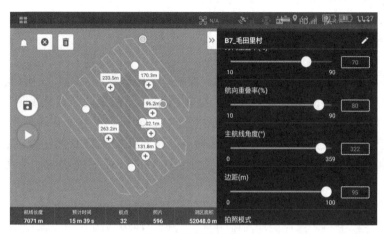

图 4-5　部分航线图一

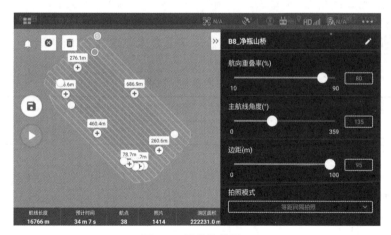

图 4-6　部分航线图二

4）外业航飞影像预处理

（1）影像质量要求：

①影像应无重影、虚影。

②影像反差适中、层次丰富、能辨别与摄影比例尺相适应的地物。

③影像满足外业全要素精确调绘和室内判读的要求。

④影像色彩饱和度适中，无暗影和光晕。

⑤连接影像应无明显模糊、重影和错位现象。

（2）数据运输：

①数据下载：每次飞行结束数据下载。

②数据检查：将 POS 展到 Loca Space Viewer 进行航带覆盖、数据遗漏、地面数据检查。

③数据备份：现场备份 2 份数据。

④数据保管：现场安全保管保存。

⑤数据包装：数据发送前安全包装处理。

⑥数据发送：数据交接发送（现场保管 1 份）。

5）像控点测量

（1）像控布点方式：

①像控点均匀分布整个项目区域范围，像控点一般选在相对空旷无遮挡、识别度高的平地上，刷上 L 形像控识别图案并且无大型输电网和无密集通信设施。原则上需满足航拍的无遮挡和 GNSS RTK 定位测量的无强磁场干扰，确保测量数据准确有效。

②平面控制点选在影像清晰的明显地物点、接近正交的线状地物交点、地物拐角点或固定的点状地物上，实地辨认误差小于图上 0.1mm。弧形地物与阴影处不作为刺点对象。

③平高控制点的选刺同时满足平面和高程控制点对点位目标的要求。

④像控点在各张相邻像片上均清晰可见，选择影像最清晰的一张像片作为刺点片。

⑤为满足优于精度 1∶500，要求每平方千米像控数量不少于 8 个。

（2）像控点测量：

①利用千寻 CORS 系统，采用 CORS-RTK 的方式进行像控点的测量，再由甲方进行坐标转换得到 CGCS2000 坐标系、1985 高程，主要技术要求如表 4-6 所示。

表 4-6　　　　　　　　　　　　　　　　　**像控点测量技术要求**

定位模式	卫星高度角	有效观测卫星数	测量次数	平滑时间（s）	PDOP
网络 RTK	≥15°	≥4	1	≥5	<6

②CORS-RTK 测量注意事项：

a. RTK 观测时应符合表 4-7 的要求。

表 4-7　　　　　　　　　　　　　　　　　　　**PTK 观测要求**

观测窗口状态	15°以上的卫星个数	PDOP 值	作业要求
良好	≥6	<4	允许
可用	5	≥4 且 ≤6	尽量避免
不可用	<5	>6	禁止

b. RTK 测量中数据采样间隔一般为 1s，模糊度置信度应设为 99.9% 以上。经纬度记录精确至 0.00001″，平面坐标和高程记录精确至 0.001m，天线高量取精确至 0.001m。

c. RTK 必须在接收机已得到网络固定解状态下方可进行数据记录。

d. 3 分钟内仍不能获得固定解的，应断开数据链，重启接收机再次进行初始化操作。

e. 进行第四步操作之后仍不能得到固定解应更换采集点。

f. 观测时距接收机 10 米范围内禁止使用对讲机、手机等电磁发射设备。遇雷雨天气应关机停测，并卸下天线。

（3）像控采集结束后对整个像控进行检核，要求如下：

①重复测量检核点数量应达到总测量点数的 10% 以上。

②两次重复测量时段应间隔 2 小时以上。

③重复测量检核点宜均匀分布在作业区内。

（4）成果资料整理

①像控成果数据包含控制点实地照片、控制点成果表。

②原则上应采用数码影像进行刺点，参照 CH/T 3004—2021《低空数字航空摄影测量外业规范》附录 B 的有关要求执行。

③其他观测记录资料按相关规范标准执行。

4.1.4　内业数据生产

空中三角测量技术路线如图 4-7 所示。

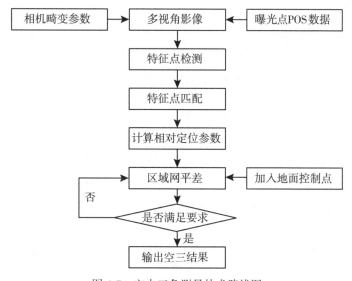

图 4-7　空中三角测量技术路线图

4.1.5　内业数据处理

1. 预处理

1）影像数据预处理

在工程构建中，所需要的原始数据主要包括足够重叠度的多视角影像数据。本测区采

63

用了多镜头倾斜云台获取的影像数据，根据不同视角的相机进行单独存储，所有数据的命名具有唯一性且不能出现中文目录。

2）POS 数据预处理

解算 POS 数据时，利用软件选择该架次距离摄区最近的基站数据和机载数据进行联合解算，精密计算出每一张像片于曝光时刻的机载 GNSS 天线相位中心的 CGCS2000 框架坐标。

3）区域分块

（1）应根据航摄分区、软硬件处理能力，合理设置分块大小。

（2）分块接边处宜选择地形起伏较小区域。

（3）区域接边处需有控制点分布，且控制点可适当加密。

2. 工作集群建立

为了提高数据的处理效率，在建立工程之前就需要我们建立了 ContextCapture 工作集群。工作集群的建立分为 3 步：①集群电脑连接入同一局域网；②共享主机电脑中存放工程数据和位置的盘，并修改盘符（该盘符不能与集群中其他电脑的盘符相同）；③在其他电脑中建立相应的盘符映射，并通过 ContextCapture Settings 修改工作引擎的工作目录。需要在共享盘中新建工程，创建 Block，并在其中加载影像数据、POS 数据和像控数据。

3. 空三加密

为了能够将无序的影像在空间中相互对齐并构建与真实状态下相接近的统一空间模型，就需要对影像进行空三加密操作。该操作过程是倾斜摄影建模的核心步骤。当空三加密完成之后，其结算成果会在 3D View 中进行可视化的显示，也可以将空三后的成果直接导出成 XML 格式进行查看。

4. 三维模型构建

（1）像密集匹配。基于畸变改正后的多视影像和空三优化后的高精度外方位元素，采用多基元、多视影像密集匹配技术，利用规则格网划分的空间平面作为基础，集成像方特征点和物方面元两种匹配基元，充分利用多视影像上的特征信息和影像成像信息，对多视影像进行密集匹配。

（2）建模型三角网。有效利用多视匹配的冗余信息，避免遮挡对匹配产生的影响，并引入并行算法以提高计算效率，快速准确地获取多视影像上的同名点坐标，进而获取地物的高密度三维点云数据。基于点云构建不同层次细节度（levels of detail，LOD）下的模型三角网。

（3）型三角网优化。将内部三角的尺寸调整至与原始影像分辨相匹配的比例，同时通过对连续曲面变化的分析，对相对平坦地区的三角网络进行简化，降低数据冗余，获得测区模型矢量架构。

（4）现三维模型纹理映射包括三维模型与纹理图像的配准和纹理贴附。因倾斜摄影获取的是多视角影像，同一地物会出现在多张影像上，选择最适合的目标影像非常重要。采用模型表面的每个三角形面片的法线方程与二维图像之间的角度关系来为三角网模型衡量合适的纹理影像，夹角越小，说明该三角形面片与图像平面约接近平行，纹理质量越高。通过此方法，使三维模型上的三角形面片都唯一对应了一幅目标图像。然后计算三维模型的每个三角形与影像中对应区域之间的几何关系，找到每个三角形面片在纹理影像中对应的实际纹理区域，实现三维模型与纹理图像的配准。把配准的纹理图像反投影到对应的三角面片上，对模型进行真实感的绘制，实现纹理贴附。

三维重建时具体要求如下：

①空间框架使用 2000 国家大地坐标系，高斯-克吕格投影，3 度带，中央经线 111°；

②重建时设置的分块大小为 50 米整数倍；

③重建分辨率设置为默认最高分辨率；

④三维实景分块模型数据是采用三维网络表示的 OSGB 格式。

5. 正射影像图构建

正射影像图是基于三维模型构建之后生产的，生产顺序依次为：①在已经构建了模型的工程下提交正射影像选项重建项目；②根据项目需求设置采样间距和最大影像尺寸；③选择项目所需坐标系提交成果，由于正射影像的生产也是分块进行的，分块数据最终需要在 Global Mapper 中进行合并导出。

4.1.6 房屋构图

1. 房屋面积计算规则

1）计算建筑面积的条件

能够计算建筑面积的房屋一般应具备以下普遍性的条件：

(1)应具有上盖；

(2)应有墙、柱、栏杆等围护物；

(3)结构牢固，属永久性的建筑物；

(4)层高(屋顶面至屋地板面的垂直距离)≥2.20m；

(5)可作为人们生产或生活的场所。

2）计算全部建筑面积的范围

(1)永久性结构的单层房屋，按一层计算建筑面积；多层房屋按各层建筑面积的总和计算。

(2)房屋内的夹层、插层、技术层及其楼梯间、电梯间等高度在 2.20m 以上部位计算建筑面积。当夹层及其下方建筑空间高度均小于 2.20m，但总高度不小于 2.20m 时，只计算一层建筑面积。

(3)穿过房屋的通道，房屋内的门厅、大厅，均按一层计算面积，门厅、大厅内的回廊部分，层高在 2.20m 以上的，按其水平投影面积计算。

(4)室内楼梯、楼梯间、电梯(含观光梯)井、提物井、垃圾道、管道井、通风井、排气井等均按房屋自然层计算面积。

(5)房屋天面上，属永久性建筑，层高在 2.20m 以上的楼梯间、水箱间、电梯机房及斜面结构屋顶高度在 2.20m 以上的部位，按其外围水平投影面积计算。

（6）挑楼、封闭的挑廊、封闭的阳台按其外围水平投影面积计算。

（7）属永久性结构有上盖的室外楼梯，按各层水平投影面积计算。

（8）与房屋相连的有柱走廊，两房屋间有上盖和非单排柱的走廊，均按其柱的外围水平投影面积计算。

（9）房屋间永久性的封闭架空通廊，按外围水平投影面积计算。

（10）地下室、半地下室及其相应出入口，层高在 2.20m 以上的，按其外墙（不包括采光井、防潮层及保护墙）外围水平投影面积计算。

（11）与房屋相连属永久性的且有非独立柱或有围护结构的门廊、门斗按其柱或围护结构的外围水平投影面积计算。

（12）玻璃幕墙、金属幕墙以及其他材料幕墙等作为房屋外墙的，按其外围水平投影面积计算。同一楼层外墙，既有主墙，又有玻璃幕墙，以主墙为准计算建筑面积。

（13）属永久性建筑有非单排柱的车棚、货棚等按柱的外围水平投影面积计算。

（14）依坡地建筑的房屋，利用吊脚做架空层，有围护结构的，按其高度在 2.20m 以上部位的外围水平投影面积计算。

（15）有伸缩缝的房屋，若其与室内相通的，伸缩缝计算建筑面积。

（16）临街门洞按其维护结构的外围水平投影面积计算。

（17）院落内与房屋相连有柱或围护墙（承重墙）围护结构的挑廊，按其柱、围护结构的外围水平投影面积计算。

3）计算一半建筑面积的范围

（1）与房屋相连有上盖无柱的走廊、檐廊，按其围护结构外围水平投影面积的一半计算。

（2）独立柱、单排柱的门廊、车棚、货棚等属永久性建筑的，按其上盖水平投影面积的一半计算。

（3）未封闭的挑廊，无围护墙或承重墙，按其围护结构外围水平投影面积的一半计算；当围护结构的外围超出挑廊地板外沿的按地板外沿水平投影面积计算。

（4）未封闭的阳台，按其围护结构外围水平投影面积的一半计算。

（5）无顶盖的（含无永久性顶盖或顶盖不能完全遮盖楼梯的）室外楼梯按各层水平投影面积的一半计算。

（6）有顶盖不封闭的永久性的架空通廊，按外围水平投影面积的一半计算。

4）不计算建筑面积的范围

（1）层高低于 2.20m 的房屋、架空层、楼梯间、电梯间、水箱间、走廊、檐廊、阳台、挑廊、地下室、半地下室、架空通廊等。

（2）突出房屋墙面的构件、配件、装饰柱、外墙装饰面（不含贴面）、装饰性的幕墙、垛、勒脚、台阶、飘窗、无柱雨篷等。

（3）房屋之间无上盖的架空通廊，或无上盖的阳台、挑廊，阳台、挑廊与其上盖相距超过一个自然层，视为无上盖；架空通廊、穿过建筑物的通道与其上盖超过二个自然层（含二层）以上，视为无上盖；阳台、挑廊的上盖在围护结构内水平投影面积小于二分之一的，视为无上盖。

（4）房屋的天面、挑台、露台，天面上的花园、泳池。

（5）建筑物内的操作平台、上料平台及利用建筑物的空间安置箱、罐的平台。

（6）骑楼、过街楼的底层用作道路街巷通行的部分，临街楼房、挑廊下的底层用作公共道路街巷通行的部分，不论其是否有柱、是否有围护结构，均不计算建筑面积。

（7）利用引桥、高架路、高架桥、斜坡道或桥面作为顶盖建造的房屋。

（8）活动房屋、临时房屋及简易房屋。

（9）独立烟囱、亭、塔、罐、池、地下人防干支线。

（10）与房屋室内不相通的伸缩缝、沉降缝。

（11）检修、消防等用途的室外爬梯。

（12）与室内不相通的类似阳台、挑廊、檐廊的建筑。

（13）楼梯已计算建筑面积的，其下方空间部分。

（14）房屋的室外台阶、踏步，底层室内楼梯延伸出室外的部分。

（15）跃层式房屋上层挑空部位。

（16）院落内通屋顶的台阶(梯子)。

（17）院落内的房屋底层未封闭的挑廊，无柱、无围护结构，不计算面积。

5) **房屋面积其他计算**

（1）层高计算：层高取相邻楼层楼(地)板结构面之间的垂直距离。

（2）不规则建筑空间的面积计算：

①建筑墙体向外倾斜，超出底板外沿的，按底板外沿计算建筑面积。

②屋顶为斜面结构的房屋，外墙高度小于 2.20m 时不计算外墙面积。

（3）幕墙的面积计算：

①装饰性幕墙不计算建筑面积。

②围护性幕墙，按以下几种情况分别计算建筑面积：

a. 当楼板边至幕墙外缘有悬空距离时，楼板边至幕墙内缘的空间按上空计算。

b. 当下方有梁，幕墙安放于梁体之上的围护性幕墙，取梁厚作为外墙厚，并相应取代外墙。

c. 上下均由玻璃和其他材料框架构成围护性玻璃幕墙，以材料框架的厚度作为墙厚，并相应取代外墙。

（4）阳台、露台的面积计算

①有支撑柱且不封闭的阳台，按未封闭阳台计算一半建筑面积。

②作为消防通道(连廊)的阳台，列为不分摊的公用建筑面积。

③无顶盖、顶盖与阳台非同期建造、顶盖为非永久性结构、顶盖为镂空、顶盖与房屋主墙体不相连、顶盖水平投影面积小于阳台围护结构水平投影面积 1/2 的敞开式阳台，均视为无顶盖阳台，不计算建筑面积。

④阳台的上口外围水平投影面积小于底板水平投影面积时，按上口外围水平投影计算建筑面积。

⑤一幢房屋中个别楼层不设阳台或隔层设置阳台，形成阳台的上盖距离该阳台内底面高度大于或等于两个楼层的，不计算建筑面积。

⑥一幢房屋的上、下层半封闭阳台水平投影线不完全重叠时(即左右错开)，如重叠部分投影面积大于或等于阳台水平投影面积 1/2 时，按重叠部分的一半计算阳台建筑面

积，否则不计算面积。

⑦位于房屋天面或因退层设计形成的露台，无论上方屋檐或盖板宽度为多少，均不计算建筑面积。

⑧挑出承重墙结构的阳台按阳台面积规定计算；在承重墙结构内且与室内直接相通的阳台按套内建筑面积规定计算。

2. 房屋部件解读

凡是需要表示的附属结构，均需要注记面积公式，"B"代表半面积；"Q"代表全面积。

1）檐廊的表示与面积公式标注

（1）封闭（三面靠墙）的檐廊、有围护结构的檐廊按其外围水平投影面积计算全面积，并注记"1Q"，如图 4-8~图 4-12 所示。

图 4-8　檐廊示例 1

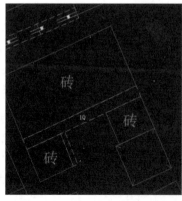

图 4-9　檐廊示例 2

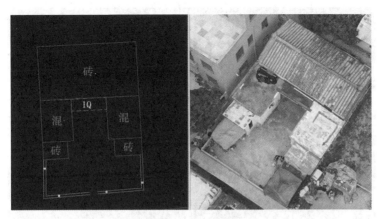

图 4-10 檐廊示例 3

图 4-11 檐廊示例 4

图 4-12 檐廊示例 5

（2）一边有围护结构（两面靠墙）的檐廊按其外围水平投影面积计算半面积，并注记"1B"，如图 4-13 所示。

图 4-13　檐廊示例 6

（3）两侧都没有围护结构的檐廊，如下图所示，檐廊宽度大于 0.5 米需要表示，不计算面积不需要注记与公式，宽度小于 0.5 米的檐廊不需要绘制，如图 4-14 所示。

图 4-14　檐廊示例 7

（4）房屋天面上有围护结构的檐廊，按照承重墙的外围水平投影表示为主体房屋，如图 4-15 所示。

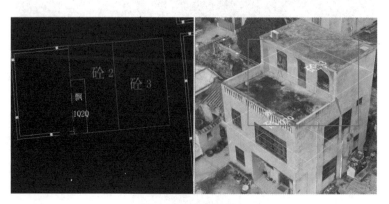

图 4-15　檐廊示例 8

（5）位于房屋天面或因退层设计形成的露台，无论上方屋檐或盖板宽度为多少都不计算面积，所以不需要表示，如图 4-16、图 4-17 所示。

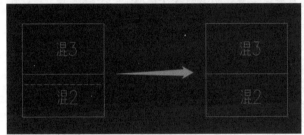

图 4-16　露台屋檐示例 1

图 4-17　露台屋檐示例 2

2）廊房的表示与面积公式标注

（1）与房屋相连属永久性的且有非独立柱或有围护结构的门廊、门斗、檐廊按其柱或围护结构的外围水平投影面积计算全面积，使用廊房属性绘制。并在相应位置绘制依比例支柱，根据层数注记，如："1Q"与"廊"，如图 4-18~图 4-26 所示。

图 4-18　廊房示例 1

图 4-19　廊房示例 2

图 4-20　廊房示例 3

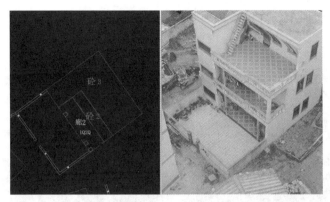

图 4-21 廊房示例 4

图 4-22 廊房示例 5

图 4-23 廊房示例 6

图 4-24 天面廊房示例 1

（2）位于房屋天面上的廊房不单独表示，直接绘制主体房屋，如图 4-25、图 4-26 所示。

图 4-25　天面廊房示例 2

图 4-26　天面廊房示例 3

3）阳台的表示与面积公式注记

（1）封闭（两侧都有围护结构三面靠墙）的阳台按其外围水平投影面积计算全面积，如下图所示。该房子绘制阳台后，注记"阳"和"1Q2Q"（此时注意不要忽略一层需要计算全面积，所以注记公式需要注记"1Q2Q"），如图 4-27 所示。

（2）未封闭（无围护结构或只有一侧有围护结构即只有两面靠墙）的阳台，按其围护结构外围水平投影面积的一半计算，该房子一层以及二、三层的阳台均无围护结构，注记"阳 2"和"2B3B"，如图 4-28、图 4-29 所示。

图 4-30 中房子为两户房子相连，需要分开表示，如果两户相连的阳台之间没有墙面，

图 4-27　阳台示例 1

图 4-28　阳台示例 2

图 4-29　阳台示例 3

则两户房子的阳台都视为不封闭的阳台，注记"阳"和"1B2B"

（3）无顶盖阳台，不计算建筑面积，不需要标注面积公式，如图 4-31、图 4-32 所示。

（4）一楼为两边有承重墙围护的檐廊，二楼以上为以栏杆围护的阳台，则阳台绘制到一楼围护结构处，如图 4-33 所示。

图 4-30　阳台示例 4

图 4-31　阳台示例 5

图 4-32　阳台示例 6

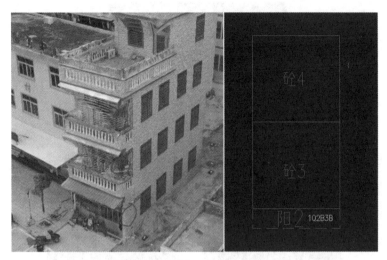

图 4-33 阳台示例 7

（5）因一楼有围护结构，若二楼阳台超出两边墙体部分（箭头指向处）宽度不足 0.4m，则不表示；图中阳台和飘楼部分需要按照实际情况分开表示，如图 4-34 所示。

图 4-34 阳台示例 8

（6）二楼以上阳台两边，具有从上至下相同宽度的承重墙，依据承重墙的外围水平投影表示，注记"阳 2"。其超出承重墙的部分，若宽度大于 0.4m，则需要表示；反之则不表示，如图 4-35 所示。

（7）一楼围护结构两边承重墙宽度比二楼以上阳台两边承重墙宽度窄时，阳台宽度若大于 0.4m 则需要表示，反之不表示，如图 4-36 所示。

4）飘楼的表示与面积公式注记

飘楼按照其围护结构的投影面积按照全面积计算，注"飘"和"1Q2Q"，此时也是注意一层房子是否有围护结构，若三面靠墙两边有围护结构，则公式注记"1Q2Q"，若只有一边有围护结构，则公式注记"1B2Q"，如图 4-37 所示。

5）门顶的表示

（1）依附房屋的门顶，可画为主体房屋，如图 4-38～图 4-41 所示。

超出部分宽度小于 0.4m 画法　　　超出部分宽度大于 0.4m 画法

图 4-35　阳台示例 9

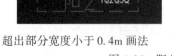

超出部分宽度小于 0.4m 画法　　　超出部分宽度大于 0.4m 画法

图 4-36　阳台示例 10

图 4-37 飘楼示例 1

图 4-38 门顶示例 1

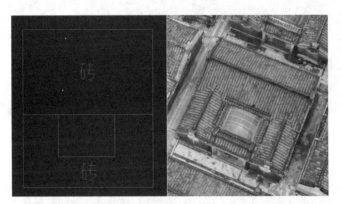

图 4-39 门顶示例 2

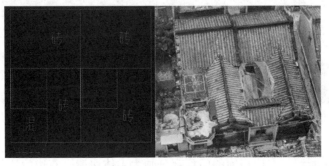

图 4-40 门顶示例 3

图 4-41　门顶示例 4

（2）无房屋依附的门顶，需要单独表示，注意门顶下的围墙需要画到具体相应的位置门的两侧；如图 4-42、图 4-43 所示。

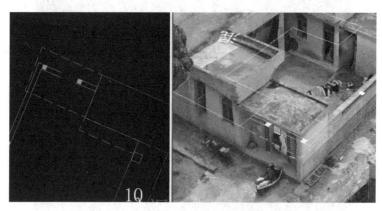

图 4-42　门顶示例 5

图 4-43　门顶示例 6

（3）如图 4-44 所示，左边房屋的门顶部分画为主体房屋；右边门顶部分单独表示。

图 4-44 门顶示例 7

6）门墩的表示

门墩按照 1∶500 地形图的图式标准表示，如图 4-45 所示。

图 4-45 门墩示例 6

7）其他特殊情况的表示方式

（1）房屋中间为天井的房子（回字形状），需要分开画成两个房子，如图 4-46、图 4-47 所示。

图 4-46 带天井房示例 1

图 4-47　带天井房示例 2

（2）附属房屋需要按照不同的位置做不同的表示，如图 4-48 所示。

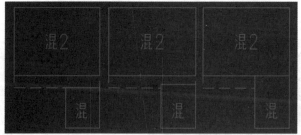

图 4-48　附属房屋示例

　　（3）圆弧状结构的房屋需要用圆弧线画，然后再进行圆弧折线化与节点抽稀，如图 4-49 所示。

　　（4）各个楼层附属结构不一致时，以二楼结构标注。一楼只有一侧有承重墙，不表示；二楼为阳台，三楼为飘楼，最后注记为"阳 2"和"1B2Q3Q"，如图 4-50 所示。

图 4-49　圆弧结构房屋示例

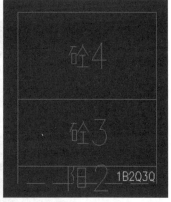

图 4-50　附属结构不一致房屋示例

(5)永久性建筑有柱的车棚、货棚等按柱的外围投影面积绘制,并绘制棚房下的围墙,如图 4-51 所示。

图 4-51　永久性附属车棚示例

(6)根据房子的门区划分房子户数,连在一起的房子可实际上是两户的房子,并且中间有共用围墙，需要从中间分开两户表示，如图 4-52 所示。

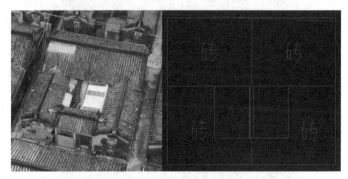

图 4-52　划分户数示例

（7）楼顶上面的简房不表示，如图 4-53 所示。

图 4-53　楼顶简房示例

（8）若房屋一楼两侧无围护（承重墙）结构，则二楼中间阳台需要表示到最外围，并注记公式"2Q"，如图 4-54 所示。

图 4-54　无围护结构房示例

(9)房屋附属有檐廊和围墙都需要表示,如图4-55所示。

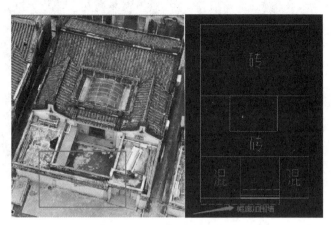

图4-55 附属檐廊和围墙示例

(10)斜面结构屋顶高度在2.2m以上,屋顶按房屋计算层数,如图4-56所示的房子,蓝色位置处到黄色位置处不到2.2m,但是绿色位置处到黄色位置处不止2.2m高,且该楼层属于人们活动的场所,所以楼层应算2层房子,标注为"砖2"。

图4-56 斜面结构房屋示例

(11)房屋内的夹层、插层、技术层,高度在2.2m以上的算作自然层。如图4-57所示,若一楼有两排窗户,且楼高大于4.4m,则楼层数算作2层,如图4-57所示。

(12)梯形斜顶楼梯间只有最高处满足2.2m,不计算房屋层数,如图4-58所示。

未封顶的在建房屋可绘制为建房;房屋已封顶则不可绘制为建房,若不能判断该房子的边长,便根据以下(第(8)点)所说的无法判别房屋精度的要求给房子做标记,如图4-59所示。

砼房和混房的判定方法:房屋表面贴瓷砖的比较新的房子,或房屋漏出钢筋的标注为"砼",反之标注为"混",如图4-60、图4-61所示。

图 4-57　自然层房屋示例

图 4-58　斜面房屋示例

图 4-59　未/已封顶房屋示例

　　砖房和混房的判定方法：一层瓦顶的房屋为砖房；一层平顶以混合结构为主要建筑结构的为混房；二层瓦顶房屋与混房相连一起构建的为二层混房，并分开绘制。如图 4-62～图 4-64 所示。

图 4-60 砼房示例

图 4-61 混房示例

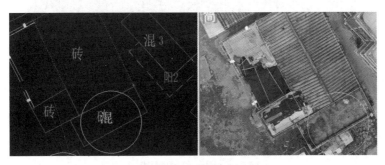

图 4-62 砖/混房示例 1

图 4-63　砖/混房示例 2

图 4-64　混房示例

　　阳台和飘楼需要区分绘制，认定方法：阳台由围栏结构构成，飘楼为墙体结构构成。如图 4-65 所示。

图 4-65　含阳台和飘楼房屋示例

8）模型精度判断不准的位置

模型精度判断不准的位置采用问号加圆圈表示。圈画在外业可以取到的边上，并确保圈位置的准确（图4-66）。

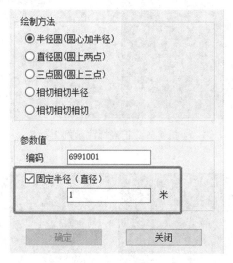

图 4-66 统一标注示例

（1）房屋有一条边因遮挡或模型质量等原因无法判读准确，则需注记在该条边上。因该边造成相邻边不能准确绘制的，该边的相邻边也要注记。代表外业需要核查注记边的边长和方位。注意模型拉花的地方不一定是需要外业测量的边，如图4-67~图4-70所示，需要外业测量的边是阳台到房子之间的距离而不是圈在阳台拉花处。

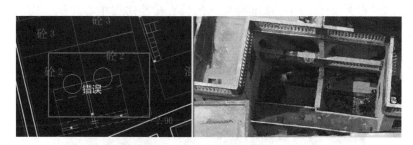

图 4-67 错误标注示例

图 4-68 正确标注示例 1

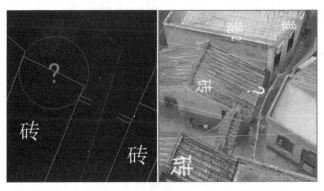

图 4-69　正确标注示例 2

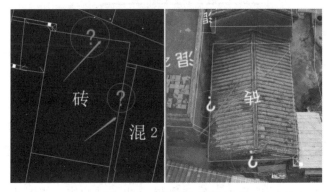

图 4-70　正确标注示例 3

（2）整个房屋有 3 条以上边不能准确判读的，直接在房屋中心注记。代表整个房屋的边均要核查(图 4-71)。

图 4-71　正确标注示例 4

（3）因房子在天井或院子处搭建棚或无法在模型上判断是否房屋附属结构的，若该附属结构符合上述檐廊、飘楼、阳台等计算全面积规则的条件，可直接画到房屋内墙(下图箭头标记处），不需要标记外业调绘；若看不到房屋内墙，可画外墙后按照围墙宽度偏移出内墙（围墙宽度多数 0.15m~0.2m），如图 4-72~图 4-75 所示。

图 4-72　示例图 1

图 4-73　示例图 2

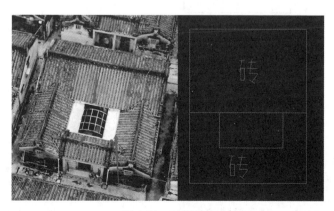

图 4-74　示例图 3

图 4-75　示例图 4

4.1.7　地形图生产

1. 生产流程

地形图采集流程见图 4-76。

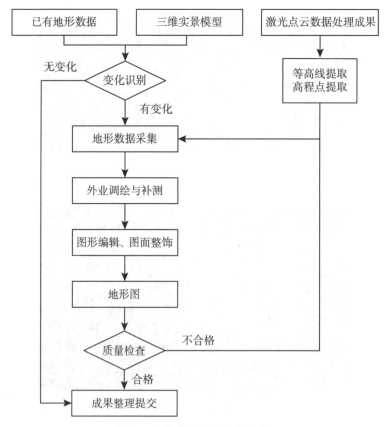

图 4-76　数字地形图采集流程

2. 数据采集要求

地形图数据采集主要采用南方航测三维测图软件、南方 CASS 等专业软件，按照三维实景模型进行采集生产。对于按照三维实景模型采集不准或与实地不符的地形地物，采用全站仪或 GPS RTK 测定地形要素的坐标和高程，对于部分隐蔽点则采取皮尺或手持激光测距仪丈量边长，用边长交会方法求得其坐标，也可采用方向交会法测定地物点的位置。

采集的地形图要素应包括以下内容：各级控制点、居民地和垣栅、工矿建（构）筑物及其他设施、交通及附属设施、管线及附属设施、水系及附属设施、境界、地貌和土质、植被等各种地物、地貌以及地理名称注记等。

地物、地貌要素的表示方法和取舍原则，按 GB/T 20257.1—2017 执行。

3. 地形图采集及表示

1）数据采集一般要求

（1）数据采集编辑：

①在立体模型上采用手工采点矢量化完成要素采集。

②要素间的关系应合理，由于采集原因产生的矛盾，应编辑解决。

③无法准确采集的要素或地貌变化的要素，必须先做标识，进行外业补测。

④数据采集时，应注意处理好各要素的关系，各层要素叠加后关系应协调一致，如居民地与道路、水库与坝、河流与桥的关系等。

⑤点状要素采集符号定位点。

⑥单线表示的地类要素，按符号中心线采集。线状要素被其他要素隔断时，除特别规定的辅助线，应连续采集。线状要素上点的密度以几何形状不失真为原则，点密度应随着曲率的增大而增加。

⑦点、线矛盾的高程点、控制点，除个别错误点不采集，其余点应全部采集并编辑等高线，使之关系合理。

⑧数据采集、编辑时应保证线条光滑，严格相接，不得有多余悬挂。

⑨图形不能存在拓扑错误，点状要素不能重叠表示，线状要素不得自相交、重复等。

（2）矢量化数据精度要求：

以 DOM 为背景进行检查，矢量化要素的采集边界与 DOM 上明显地物界线的位移偏移不应超过 1 个像素。

（3）矢量数据接边：

① 线状要素应终止于理论内图廓线。

② 数据必须接边，并保持接边的合理性。

③ 接边时应保持关系合理，如果只有一边有接边要素，则不接边。

④ 不同等高距的图幅接边，只接相同高程的等高线。

2）地形图要素采集及表示

（1）各类控制点：各类控制点在图上应精确表示，高程注记到 0.01m，图上点号、坐标值必须与成果表严格一致。

（2）居民地及垣栅：

①居民地的各类建筑物、构筑物及主要附属设施应准确测绘实地外围轮廓和如实反映建筑结构特征。建(构)筑物和围墙轮廓凸凹小于0.2m，简单房屋凸凹小于0.3m，可用直线连接。

②房屋以墙基外角为准，房屋应逐个测量表示。临时性的房屋可综合取舍，用地类界线绘出，并注"工棚区"。房屋根据建筑结构和层数不同要分开表示(分层线用虚线表示，一层的可不注层数)。混成一体的建筑物，层数比较清楚的应尽量分层测绘，分层表示困难时，以主体建筑层数注记；层数相近而又较难分割的，以占地面积较大的层数注记。对综合性的大楼和裙楼，建筑物与地面交线用实线表示，最外飘出部分的投影线以及主体与裙楼分层线用虚线表示；裙楼层数以面积大的注记，主体楼层数以最高层数注记。

③飘出部分应分飘楼(吊楼)或阳台。若第二层为飘楼，以上各层为阳台时，则表示最外一层的飘楼或阳台，投影到一楼以上的，飘楼和阳台不表示，当两种交替变换频繁时，短的一种归入长的一种综合表示("短"是指长度小于2m)。

④房屋结构按图式规定表示，即注"砼""砖""混"等。以砖为墙体，楼板不是钢筋混凝土结构的瓦、铁皮、石棉瓦盖顶的房屋均以"砖n"表示；钢筋混凝土框架结构的房屋以"砼n"表示；附在其他房屋或靠围墙搭建并以木板或其他简单材料为盖顶的杂物房和搭建在河边、鱼塘边、水面上的茶楼、房屋以简单房屋表示；以钢柱或钢筋混凝土柱为支撑，四周以铁皮为墙体，铁皮或石棉瓦为顶盖的车间、工厂也以简单房屋表示，面积较大时注其用途。

⑤围墙、栅栏、栏杆、篱笆和铁丝网等围护物，均应实测。在墙基1米以上(含1米)构筑栏杆的按围墙表示，1米以下的以栅栏表示，实测位置以墙基为准。

⑥房屋内部大于4平方米的天井原则上应表示。

(3)其他房屋附属设施：

①柱廊以外线投影为准，用虚线表示，四角或转角处的支柱应实测。

②落地阳台以栏杆外围为准，用实线表示，其内部的墙基线用虚线表示；悬空阳台和飘楼(吊楼)均用虚线表示。为了在图上有所区别，规定飘楼(吊楼)加注层数，一层吊楼也要注"1"，但不注结构。当又有阳台又有吊楼时，以多的一种表示；两者一样多时，阳台综合进吊楼一起计为吊楼的层数表示。

③门廊以顶盖投影为准，用虚线绘出，柱的位置要实测。

④大门的门顶以顶盖投影为准，用虚线表示，柱的位置应实测。

⑤门墩以墩外围为准，墩的位置应实测。

⑥室外楼梯应实测表示。但有两种情况，一种是与房子连成一体而且是露天的；另一种是与房子不连成一体独立的，而且是盖顶的，均以室外楼梯表示，以落地的范围实测。室外楼梯，宽度小于图上1mm的不表示。

⑦与房屋相连的台阶按投影测绘，但图上不足以绘三级符号(或实地长度小1.5m)的，可不表示。

⑧建筑物门前的有行业通道的雨篷(罩)，无论有柱无柱，均应按投影实测用虚线绘出。

(4)工矿建(构)筑物及其他设施：

①工矿建(构)筑物及其他设施的测绘，图上应准确表示其位置、形状和性质。

②工矿建(构)筑物及其他设施依比例尺表示的，应实测其外部轮廓，并配置符号或按图式规定用依比例尺符号表示；不依比例尺表示的，应准确测定其定位点或定位线，用不依比例尺符号表示。

(5)交通及附属设施：

①交通及附属设施的测绘，图上应准确反映陆地道路的类别和等级，附属设施的结构和关系。正确处理道路的相交关系及与其他要素的关系。

②公路路中、道路交叉处、桥面等应测注高程，隧道、涵洞应测注底面高程。

③公路与其他双线道路在图上均按实宽依比例尺表示。公路应在图上每隔15~20cm注出公路技术等级代码，国道应注出国道路线编号。公路、街道按其铺面材料分为水泥、沥青、砾石、条石或石板、硬砖、碎石和土路等，应分别以水泥、沥、砾、石、砖、碴、土等注记于图中路面上；铺面材料改变处应用点线(地类界)分开。

④城市道路为立体交叉或高架道路时，应测绘桥位、匝道与绿地等，多层交叉重叠，下层被上层遮住的部分不绘，桥墩或立柱应实测(虚线表示)。垂直的挡土墙可绘实线而不绘挡土墙符号。

⑤路堤、路堑应按实地宽度绘出边界，并应在坡顶、坡脚适当测注高程。

⑥道路通过居民地不宜中断，应按真实位置绘出。市区街道应将车行道、过街天桥、过街地道出入口、分隔带、环岛、人行道等绘出；位于街道、公路、广场、空地上的花圃、花坛范围线以实线表示；位于内部道路边或单位(小区)内部且平地面的花圃(花坛)范围线以虚线表示，当高出地面0.2m以上时以实线表示；城镇内道路边的汽车候车亭实测范围用实线表示，没有候车亭的公共汽车站可不表示。

⑦跨河或谷地等的桥梁，应实测桥头、桥身和桥墩位置(桥墩用虚线表示)，加注建筑结构。

(6)管线及附属设施：

①正规的电力线、电信线均应准确表示，电杆、铁塔位置应实测。当多种线路在同一杆架上时，只表示主要的。城市建筑区内电力线、电信线可不连线，但应在杆架处绘出线路方向。各种线路应做到线类分明，走向连贯。

②架空的、地面上的、有管堤的管道均应实测，分别用相应符号表示，并注记传输物质名称。当架空管道直线部分的支架密集时，可适当取舍。有水泥、沥青铺装的街道及公路上的地下管道检修井及污篦子需要表示，单位、小区内的可适当取舍。

(7)水系及附属设施：

①江、河、湖、水库、池塘、沟渠、泉、井等及其他水利设施均应准确测绘表示，有名称的加注名称。

②河(溪)流、湖泊、水库等水涯线，宜按测图时的水位测定，当水涯线与陡坎线在图上投影距离小于1mm时以陡坎线符号表示。河流、沟渠在图上宽度小于1mm的用单线表示，河流在图上应每隔10cm测注一个水涯线高程。

③水渠应测注渠顶边和渠底高程；堤、坝应测注顶部及坡脚高程；池塘应测注塘边及水涯线高程，干枯的水塘要测注塘底高程并注"干枯水塘"；泉、井应测注泉的出水口与井台高程，并注出井台至井水面的深度。

(8)地貌和土质：

①地貌和土质的测绘，图上应正确表示其形态、类别和分布特征。

②自然形态的地貌宜用等高线表示，崩塌残蚀地貌、坡、坎和其他特殊地貌应用相应符号或等高线配合表示。

③各种天然形成或人工修筑的坡、坎，其坡度在 70°以上时表示为陡坎，70°以下时表示为斜坡。斜坡在图上投影宽度小于 2mm，以陡坎符号表示。当坡、坎比高小于 0.5m 或在图上长度小于 5mm 时，可不表示；坡、坎密集时，可适当取舍。梯田坎坡顶及坡脚宽度在图上大于 2mm 时，应实测坡、坎脚。

④坡度在 70°以下的石山和天然斜坡，可用等高线或用等高线配合符号表示。土堆、坑穴、陡坎、斜坡、梯田坎等应在上下方分别测注高程或测上(下)方高程及量注比高。

⑤各种土质按图式规定的相应符号表示，大面积沙地应用等高线加注记表示。

⑥高程注记点应分布均匀，一般每方格应有 10 个以上高程注记点(含房角、地物等的高程点)。

⑦城镇建筑区高程注记点应测设在街道中心线、街道交叉中心、建筑物墙基脚和相应的地面、管道检查井井口、桥面、广场、较大的庭院内或空地上以及其他地面倾斜变换处。

⑧按基本等高距测绘的等高线为曲线。从零米起算，每隔四根首曲线加粗一根计曲线，并在计曲线上注明高程，字头朝向高处，但需避免在图上倒置。山顶(指土岭)、鞍部、凹地等不明显处等高线应加绘示坡线。

⑨城镇建筑区和不便于绘等高线的地方，可不绘等高线，但要测注碎部点高程。

⑩山脚、谷底、谷口、沟(坎)底、沟口、凹地、台地、河川湖池岸旁、水涯线上以及其他地面倾斜变换处，均应测注高程注记点。

(9)植被：

①田埂宽度在图上大于 1mm 的用双线表示，小于 1mm 的用单线表示。田块内应测注有代表性的高程。

②对耕地、园地应实测范围，配置相应的符号表示。同一地段生长有多种植物时，可按经济价值和数量适当取舍，符号配置不得超过三种(连同土质符号)。

③行树起止点、拐点应实测表示。

(10)其他要求：

①高程注记应测设在道路中心线、道路交叉中心、建筑物墙基脚、管道检查井井口、广场、空地、桥面、坡面、坎面、隧道底、涵洞底、坎底、坡底以及其他地面倾斜变换处。

②二级以上等级控制和图根埋石点高程注记取位至 0.001m，非埋石图根控制点和其他碎部高程注记取位至 0.01m。

③应注意调查路名、街名、巷名、村名、大单位名称、自然地理名称和门牌号，单位名称太长时可以缩写，但缩写后含义要清楚。

④注记字体大小、字型、方向等要按 GB/T 20257.1—2017 规定执行。

3) 图幅接边

(1) 同期测图接边小组间按西接东、南接北的原则确定接边责任人。测区小组间分配任务时尽量以街道、道路、河流、沟渠为分界线，以减少接边工作量，保证图块的独立性。不同期测图接边小组间采用先申请且提交接边数据免于接边责任，后申请接边者负责接边。

（2）图幅接边不仅要进行图面接边，还应对属性数据进行接边，以保证数据的无缝拼接。

（3）各类地物的拼接，不得改变其真实形状和相关位置，线状地物在接边处不得产生明显转折。高程注记点同一块平地内误差不得大于±0.2m。

4.1.8 外业调绘与补测

1. 一般规定

（1）外业采集与调绘工作是对航测内业采集的所有要素进行定性，采集或补调隐蔽地物、新增地物和采集遗漏的地物，并纠正内业采集错误的地物，要求做到图面和实地景观保持一致，保证其数学精度。对已拆除或实地不存在的地物（地貌）以及多余的线条、符号均应在工作底图上用红色"✕"逐个划去，图面上不允许出现既无定性，又无打"✕"的地形、地物要素。凡图上标有"A"字样的地方，均为内业无法准确定位，外业要认真核对，经核对改正后，必须将"A"打"✕"。

（2）外业要检核内业数据采集的精度，内业精度达不到要求时外业要进行补测。

（3）重要地物不能丢漏，如道路、独立树、电缆、电塔等；重要名称注记不能丢漏，如重要单位名称、道路名称等；坚持"把握重点，细节不含糊"的总体作业原则。

2. 外业补测要求

（1）对于大面积隐蔽地物或新增地物、地貌及多棱角不规则地物，在外业调绘图纸上用红笔圈定范围，内部注明该区域的地理名称，然后采用网络 RTK、单基准站 RTK 或全站仪进行外业采集。采集时可用网络 RTK 或单基准站 RTK 测定图根点。

（2）对于个别隐蔽地物或新增地物，可根据周边明显相关地物作为起点，在确保作为起点的地物准确无误的前提下，勘丈距离。采用交会法、截距法或直角关系等方法进行采集，在外业尽可能要有多条的检核条件。如何判断起算点的准确性，要根据实地情况而定，一般选取明显的独立地物或较为规整的房屋房角等。如果起算点不准时，则要先进行改正，然后才能利用。

（3）当采用交会法进行采集时，交会角度必须为30°～150°。

（4）独立地物的定位必须有两个或两个以上的交会边长，尽可能不要用已交会的地物进行二次交会。

（5）凡是平整地或已变化填平、推平的地方，其内部曲线、沟坎等地貌要打"✕"删去。外围边界要尽可能予以准确绘制，并标注相关交会尺寸。等高线的走向应交代清楚。

（6）注意判别内业误测的非房子的东西（如车辆等），并打"✕"删去。

（7）使用网络 RTK 测量和采集数据时，应该满足《CH/T 2009—2010 全球定位系统实时动态测量（RTK）技术规范》中有关规定。

（8）采用单基准站 RTK 方法施测时，施测要求如下：

① 点位上空无遮掩物，无干扰源，适合于 GNSS 观测。

② 测区坐标系统转换可以采用点校正，或者直接利用已有转换参数。用来校正的点

必须经过 GNSS 静态测量和四等水准测量的高等级点(D 级、5 秒点或 8 秒点)。校正点数不少于 9 个,且分布均匀,与待测区域地貌相关性强。点校正时,要求各点的点位残差小于 2cm。

③ 观测时,移动站观测参数为:有效卫星数大于 5,观测时间 3 秒,观测次数 ≥1 次,支杆高度小于 2m,对中误差小于 5mm,点内符合精度平面中误差 Mp<3cm,高程中误差 Mv<5cm。

④ 观测成果直接记录于终端中。点校正参数作为成果提供。

(9)全站仪数据采集:

① 仪器参数检查。仪器高、目标高、气象改正数、棱镜参数、数据格式和单位等所有相关设置必须正确。

② 仪器对中整平检查。仪器对中的偏差,不应大于 2mm;仪器管气泡不应偏离一格。

③视准差和指标差检查。每一站都要测定一次 2C 和 2I,其绝对值小于 40″,才能作业,否则仪器必须进行检校。

④ 定向检查。以较远的控制点定向,用其他控制点进行检核,角度检核值与原值之差不应大于 40″,高程检核值与原值之差不应大于 0.05m,边长(或坐标)检核值与原值之差不应大于 0.03m。

⑤ 归零检查(度盘检查)。测图过程中,在测站结束时检查一次定向方向,每站归零差不应大于 40″。

⑥ 经过测站检查后,用全站仪施测地物点、地形点时,距离、水平角和垂直角(或坐标 X,Y,H)可按半测回一次读数施测。

⑦ 测站至碎部点的距离一般不超过 160m,高程点间隔一般不大于 15m。一般情况下,测站到定向点的定向距离必须大于测站至碎部点的距离的 0.5 倍。

3. 外业调绘要求

外业调绘是对内业采集要素的定性补充,要求"走到,看到,记到"。主要基于采集成果进行实地调绘补充修正,采集补调隐蔽地物、新增地物和采集遗漏的地物,并纠正内业采集错误的地物,进行全面的实地检查、采集、地理名称调查注记、屋檐改正等项工作,要求做到图面和实地景观保持一致,保证其数学精度。

调绘时,按《图式》《外业规范》的要求对范围线内的地物,地貌(包括耕地、园地、林地、牧草地和其他农用地、建设用地、未利用土地等)实地进行详细准确的调绘。

(1)沿河岸各类水库、山塘、引水河坝、排污口、干支渠道、输水管道、砖瓦煤窑、渡口码头、取水口、养殖场等要认真判读,标出准确位置,河中高出水面的滩涂要全部调绘。

(2)对范围线内居民地的房屋(包括新增的房屋),认真核实其位置、房屋结构和层数,对实景模型遮挡严重区补测并记录遗漏的房屋。

(3)对各类模型判别不清的地物如:高压电杆、通信线杆、地下电缆、水利设施及桥梁、涵、堤、坝、窑等,要做到不遗漏、不移位、不变形。成图范围线以内只调 10 千伏以上的高压线并且标出电压伏数。

(4)对各类独立设施地物进行认真核查和判读,查漏补缺,标出准确位置和地物。

(5)对沟渠和自然河流,调绘流向。

（6）对植被区分类别，并标注区分经济类作物的属性。

（7）其他未提及的内容按 GB/T 7931《1∶500 1∶1000 1∶2000 地形图航空摄影测量外业规范》和《图式》规定的要求进行调绘。

（8）调绘时要将调绘内容标绘在透明纸上，便于自校和检查。

（9）调绘成果按本技术要求外，其余按《图式》要求清绘。

4.1.9 质量控制措施

1. 生产前质量控制

为保证项目生产的总体质量，在项目生产前应做好以下几方面工作：

（1）制定科学的、详尽的技术设计书用于指导生产与成果质量检查。

（2）对所有生产作业人员进行相关规范与项目技术设计书培训，使作业人员充分掌握作业方法、技术要求和注意事项，了解项目资料情况，明确项目成果数据要求。

（3）航摄生产实施前，作业人员尽可能详细地了解摄区的地形、气象、机场、交通等信息，认真学习技术设计，做好进场前的各项准备。

（4）三维模型创建前，按照设计书要求检查影像质量，确保影像的 POS 信息、重叠度，控制点的坐标系统是否与项目设计一致，确保各项内容满足三维数据生产作业要求。

2. 生产过程质量控制

在航摄生产、像片控制点测量、外业纹理采集、三维场景模型构建的生产过程中，应按照技术路线与要求进行作业，并依照具体指标与要求进行产品过程质量管理控制。

此外，选定具有丰富实践经验的技术支持人员，及时处理设计及实施过程中的技术问题，确保生产质量。

3. 质量方法

（1）严格执行以 ISO9001∶2015 标准建立的质量管理体系，项目实施过程全程控制，确保实现各生产单位及部门的质量目标。

（2）项目成果的质量实行"二级检查一级验收"制度。

（3）加强质量意识教育，强调作业前的技术学习，统一认识。同时把技术质量管理教育贯穿于测绘生产全过程。

（4）加强对测绘仪器设备计量检定情况的监督检查。生产单位在作业前必须做好所使用仪器及设备的检校工作，并做好检校记录。

（5）严格做到"二级检查一级验收"制度，牢固树立对测绘产品终身负责的观念，各级质量管理人员对成果成图质量自始至终负责。特别强调作业初期的质量检查和监控，生产过程中及时了解质量情况，配合生产部门，对出现的问题进行研究处理，并认真制定纠正和预防措施，确保产品质量受到控制。

（6）各级检查员在检查工作过程中，应认真做好检查记录，并提出处理意见。生产单位或作业员按处理意见认真修改并经复核。检查员必须对所查的产品认真做出客观评价，并签名以示负责。

4. 检查形式

作业小组进行"二级检查"制度，即作业生产部门小组过程检查，作业质检部门的最终检查。最终检查结束后作出质量等级评定，并保留过程检查、最终检查的检查记录备查。另外，在工作初期和作业过程中，加大过程检查的力度，对发现的问题做好记录、分析，及时采取纠正措施，确保技术要求得到贯彻。

5. 主要检查内容

主要检查内容包括：
(1)航空摄影成果的飞行质量、影像质量、数据质量、附件质量。
(2)像片控制测量成果的数据质量、布点质量、整饰质量、附件质量。
(3)空中三角测量成果的数据质量、布点质量、附件质量。
(4)地形图成果的数学精度、数据及结构正确性、地理精度、整饰质量、附件质量。

6. 检查比例

(1)过程检查：在作业小组自查、互查的基础上，对所有的成果进行 100% 的室内检查，以及 100% 野外巡视。同时野外进行 30% 抽查，每幅图丈量一定的地物相关位置，并选取 10% 有代表性的图幅设站检查，以统计地形图的数学精度。

(2)最终检查：抽样百分率 20%~30%，对抽样产品室内检查 100%，野外抽查 20% 以上，做好检查记录，进行质量等级评定，编写检查报告。

7. 验收

××市测绘研究院验收，或委托具有法定资质的测绘产品验收机构进行验收。

4.1.10 提交成果资料

(1)宗地圈宗影像底图；
(2)三维模型；
(3)正射影像图；
(4)宗地代码与面积统计表；
(5)宗地图与分户图；
(6)绘图成果矢量数据；
(7)面积汇总表；
(8)资料清单；
(9)专业技术设计书；
(10)检查报告；
(11)专业技术总结报告；
(12)成果结合表；
(13)其他文件资料。

4.1.11 项目总结

本项目实施地点处于市区范围内，起飞前需要向公安局报备，根据任务要求及实际情况，我方选择四旋翼无人机配合五镜头倾斜相机作为航测采集手段。在项目确认之后，我方成立了专门的项目小组负责整个项目的实施。

计划外业飞行时间 2 周，实际由于天气不能满足飞行条件，延误了 1 个月的飞行时间，后面在第 2 个月顺利完成了飞行任务。总共飞行 41 个架次，外业航飞得到 239165 张倾斜照片。

像控采集一共出动 2 人，1 台银河 6RTK。为达到精准的测量数据，遇到打雷与下雨天气均停止作业，平均每天共测量 50 个像控点，总共测量时间为五天。航测区域范围内共均匀测量了 224 个像控点，测量结束后由于空域天气等问题未能飞行，飞行前 2~3 天在不同的时间段去检查并验证了之前做过得像控点，同时选取 10% 的像控点检查测量精度。在飞行过程中经常碰到空军活动，这些是影响工作进度的主要原因。

后期数据处理，一共调用了 50 台电脑，其中服务器 2 台，工作站 3 台，普通集群 45 台。倾斜模型及正射影像生产用时约 20 天，内业生产总用时约 90 天，参与处理的内业工作人员 15 人。经检查，数据成果满足质量要求。

4.2 高速路无人机航测项目

4.2.1 项目介绍

根据工作计划，2023 年 6 月 10 日启动某高速路无人机航测技术服务项目。项目启动后 20 个工作日内完成外业数据采集，10 日内完成作业成果并通过检查验收。

1. 测区概况

测区位于云南省中部，该地区内地势西北高，东南低，地形复杂。山地、峡谷、高原、盆地交错分布。南昏江与元江汇合处海拔 328m，是市内最低点。全市除元江河谷外，大部分地区海拔 1500~1800m。高速路路线整体由西南向东北布设，主线全长 40.059km，需要飞行全长约 80km 项目建设里程。需按相关规范及技术要求进行机载激光雷达巡查及无人机航飞工作。

2. 项目的主要工作内容

(1)测区范围内无人机航飞、机载激光雷达数据采集。
(2)像控点布控。
(3)数据处理(激光分类、模型与正射生产)。
(4)1∶2000 地形图绘制。

4.2.2 项目的主要技术要求

1. 数学基础及基本要求

(1)平面坐标系统：采用 2000 国家大地坐标系，高斯-克吕格投影，按 1.5 度分带，中央子午线为东经 102.5°，投影高 1750m。

（2）高程系统：采用 1985 国家高程基准，高程系统为正常高，高程值单位为"米"。

（3）成图比例尺：1∶2000。

（4）成果取位：各类控制点数据取至毫米。

2. 基本精度指标

1）数字三维模型

（1）模型精细度满足 CH/T 9015—2012《三维地理信息模型数据产品规范》中对于Ⅱ类三维模型可视化表达的要求及处理后的三维模型数据要求。

（2）平面精度：模型相对于邻近像控点的平面点位误差不大于 0.2m。

（3）高程精度：模型基准面高程相对于邻近像控点的高程误差不大于 0.3m。

（4）贴图纹理颜色真实自然，不存在明显色差或不符合自然地物的颜色。各瓦片（Tile）之间模型贴图尽量保持色调均匀，反差适中。

（5）实景三维模型不应有明显的模糊和重影。

（6）整体场景自然完整（有效宽度 1km）。

（7）成果数据格式为"＊.osgb"。

（8）实景模型根据倾斜影像匹配确定体块构模而成，地形、建筑物等模型一体化表示，模型的纹理以获取的航空影像表现。

（9）建筑物三维体块模型应完整，位置准确、具有现势性，应与获取的航空影像表现一致。

（10）当所在区域建筑物较为密集，或建筑物较高，存在相互遮挡时，则无法获取遮挡部分建筑物的侧视纹理，相应的模型无法表现其全部的细节，允许出现些许的拉伸变形。

2）数字地形测量成果

数字地形测量成果的质量检查应符合下列规定：

（1）数字三维模型应进行集成关系和拓扑关系、平面和高程精度、纹理数据等的内业检查，并应符合 GB 50026—2020《工程测量标准》第 5.11.8 条的规定；

（2）数字线划图应进行内外业质量检查，并应符合 GB 50026—2020《工程测量标准》第 5.8.11 条的规定；

（3）数字高程模型应进行外业实测检查、精度统计，并应符合 GB 50026—2020《工程测量标准》第 5.9.6 条的规定；

（4）数字正射影像图应进行数学基础、覆盖范围、影像清晰度、色彩均衡度、镶嵌拼接痕迹及地物点内业量测检查，并应符合 GB 50026—2020《工程测量标准》第 5.10.7 条的规定。

4.2.3　作业依据

（1）CJJ/T 8—2011《城市测量规范》；

（2）CJJ/T 73—2010《卫星定位城市测量规范》；

（3）GB/T 18314—2009《全球定位系统（GPS）测量规范》；

（4）CH/T 2009—2010《全球定位系统实时动态测量（RTK）技术规范》；

（5）CH/T 1004—2005《测绘技术设计规定》；

（6）CH/T 3003—2021《低空数字航空摄影测量内业规范》；

（7）CH/T 3004—2021《低空数字航空摄影测量外业规范》；

（8）CH/T 3005—2021《低空数字航空摄影规范》；

（9）CH/T 9015—2012《三维地理信息模型数据产品规范》；

（10）DB32/T 1223—2008《GPS 高程测量规范》；

（11）GB/T 24356—2023《测绘成果质量检查与验收》；

（12）CH 1003—95《测绘产品质量评定标准》；

（13）CH/T 8023—2011《机载激光雷达数据处理技术规范》；

（14）CH/T 8024—2011《机载激光雷达数据获取技术规范》；

（15）GB/T 6962—2005《1∶500　1∶1000　1∶2000 地形图航空摄影规范》；

（16）GB/T 7930—2008《1∶500　1∶1000　1∶2000 地形图航空摄影测量内业规范》；

（17）GB/T 7931—2008《1∶500　1∶1000　1∶2000 地形图航空摄影测量外业规范》；

（18）GB/T 15967—2008《1∶500　1∶1000　1∶2000 地形图航空摄影测量数字化规范》；

（19）GB/T 20257.1—2017《国家基本比例尺地图图示 第 1 部分：1∶500　1∶1000 1∶2000地形图图示》；

（20）GB/T 20258.1—2019《基础地理信息要素数据字典 第 1 部分：1∶500　1∶1000 1∶2000 比例尺》；

（21）GB 50026—2020《工程测量标准》；

（22）GB/T 17941—2008《数字测绘成果质量要求》；

（23）GB/T 24356—2023《测绘成果质量检查与验收》；

（24）GB/T 18316—2008《数字测绘成果质量检查与验收》；

（25）本测区技术设计书。

4.2.4　已有资料的分析与利用

1. 甲方提供资料

甲方提供的资料有测区范围、控制点坐标、项目委托函。测区范围（图 4-77）即 Google Earth 的 kml 文件，用于制定踏勘路线、航线设计、内业处理范围等。

2. Google 影像与 DEM 数据

Google 影像与 DEM 数据用于判断测区地形、航线设计、基站布设等。

3. 坐标信息

在测区范围内至少提供所需要点的两套坐标信息（CGCS 2000+椭球高/当地坐标系），本次需要提供 1985 国家高程值。两套坐标用于计算七参数进行成果的坐标转换。

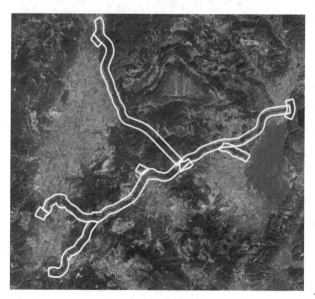

图 4-77　测区范围图

4.2.5　数据采集的硬件和软件环境

1. 硬件

（1）激光雷达扫描系统 1 套（R250）；

（2）RTK2 台（银河 6、南方创享）；

（3）无人机 2 台（M300RTK、纵横 CW10）；

（4）高、中档电脑、移动图形工作站；

（5）三脚架 2 个，测高片 2 个，卷尺 2 个，网线 1 条。

2. 软件

（1）Microsoft Windows 操作系统；

（2）Google earth；

（3）空三软件：Mirauge3D；

（4）三维建模软件：ContextCapture Center；

（5）正射处理软件：ContextCapture Center；

（6）ZT-Controler 控制软件；

（7）GPS 基站转换软件；

（8）轨迹解算软件：Inertial Explorer 8.70；

（9）点云解算及预处理软件：PointProcess；

（10）点云处理软件：Terrasolid；

（11）点云后处理软件：SouthLidar；

(12)地形图采集软件：南方航测三维测图软件、南方 CASS。

4.2.6 安全文明生产保障措施

作业前和作业期间充分做好生产安全防范工作，确保文明生产、作业员人身安全和仪器设备安全。

(1)进入测区前，召开文明生产与安全教育会议，增强作业员安全生产意识，落实安全管理责任人。

(2)进行防蛇、防蜂、防洪及相应急救措施讲座，配备防护用品和有关药品。

(3)大雨天气一般不能进行野外作业，应在这时候加大室内工作力度。

(4)在建筑物密集地区作业时，应充分发挥激光测距仪的性能特点，尽量避免司镜员攀爬高楼、峭崖。

(5)进入林区要注意防火，吸烟要注意将火种熄灭。

(6)在街道、主要道路与高速公路作业时，作业人员要穿有反光标志交通服装，如果要设站时，测站所设位置不得阻碍交通，并应在测站前后摆放安全交通标志。

(7)作业过程中，应尊重当地风俗习惯、爱护当地居民的财产，礼貌待人，避免与其发生冲突。

4.2.7 空域申请

由于测区范围跨度大，且处于空军及民航管制范围内，依据《中华人民共和国飞行基本规则》规定，空军负责全国的飞行管制。在此原则下，各地的飞行审批权在相应的飞行实施地所在的部队。

1. 审批所需材料

审批所需材料如下：
(1)公司营业执照；
(2)航空适航资质；
(3)人员执照；
(4)任务委托书；
(5)任务申请书；
(6)航空摄影、遥感、物探，需大军区以上机关批准文件；
(7)体育类飞行器，需地市级以上体育部门许可证明；
(8)大型群众性、空中广告宣传活动，需当地公安机关许可证明；
(9)无人机驾驶系留气球，需地市级以上气象部门许可证明。

2. 任务申请书的内容

飞行单位、航空器型号(性能参数)、架次、航空器注册地、呼号、机长(飞行员)、机组人员国籍、主要登机人员名单、任务性质、作业时间、作业范围、起降机场、空域进出点、预计飞行开始和结束时间、机载监视设备类型、联系人、联系方式等。

3. 审批流程

审批流程如下：

（1）获得飞行任务以及任务委托书；

（2）提前 7 天携带相关文件材料在飞行实施地所在部队司令部办理审批手续；

（3）携带相应文件材料在民航（所在地）监管局运输处、空管处办理相关手续；

（4）携带获批复印件以及相应的文件材料在民航（所在地）空管分局管制运行部办理相关手续；

（5）与民航（所在地）空管分局签定飞行管制保障协议（或召开飞行协调会）；

（6）实施日前一天 15 时前向当地空管部门提交飞行计划，如不在机场管制范围内，可直接向民航（所在地）空管分局管制运行部区域管制室提交，在飞行实施前 1 小时提出申请；

（7）区域管制室向飞行实施地所在部队司令部航空管制中心提交飞行申请；

（8）飞行实施地所在部队司令部航空管制中心给予调配意见。

4.2.8　技术设计

1. 无人机航飞作业流程

采用无人机航飞采集主要包括以下工作：准备工作、航摄数据获取、航摄数据加工、成果检查验收、成果整理移交等环节。要求严格控制质量关键节点，各环节质检合格后才可移交下一环节。整体技术路线如图 4-2 所示。

1）设备仪器

本项目范围比较大且处于空军及民航管制范围内，起飞时间需要与民航协调，飞行时间短，成果需要倾斜数据与正射数据。因此本项目航飞采用四旋翼无人机+倾斜五镜头，纵横 CW10 固定翼无人机+倾斜五镜头，大疆 M300RTK 多种飞机配合航飞。多旋翼无人机对起飞与降落响应比较快；固定翼无人机具备飞行速度快，作业时间，作业面积大等特点，并且该飞机具备 RTK+PPK POS 精度高，符合本次项目的要求。根据不同的飞行要求综合考虑实际情况，最终的挂载选择 5100 的五拼相机，这种挂载能在精度要求范围得到最优的成果，同时能兼顾飞行效率和安全。

2）飞行质量

地面分辨率：本次倾斜航飞采用五个索尼 5100 改装的五镜头相机，6000×4000，2400 万像素，设计地面分辨率优于 3.5cm。正射航飞相机采用的是五镜头下视影像数据，影像分辨率设计地面分辨率优于 8cm。

像片重叠度：倾斜飞行航向重叠度为 70%，旁向重叠度为 60%；正射飞行航向重叠度为 70%，旁向重叠度为 60%。

3）航摄时间及起飞地点

天气条件与空域时间允许的情况下，倾斜航飞不超过两周、点云数据采集不超过两周，实际飞行天数以现场情况而定。航飞条件包含以下几个方面：

（1）风速条件：

①无人机飞行对近地区域气流反应灵敏，起飞和降落的地面风力1~2级为宜。

②无人机飞行应具备4级风力气象条件下安全飞行的能力。

③需在飞行平台最大可承受风速内进行安全飞行，具体要求参照各飞行平台参数。

（2）能见度条件：

①飞行宜在天气晴朗，较为通透。

②当空气能见度较差时，宜降低航高或增加感光度以保证影像质量。

（3）温度条件：

兼顾传感器、飞行平台正常工作温度，宜在0~40℃范围内。

（4）光照条件：

①航摄时，应保证具有充足的光照度，能够真实显现地表细部，同时应避免过大阴影。

②沙漠、大面积盐滩、盐碱地、戈壁滩，当地正午航摄应注意采集设备曝光设置，正午前后各2小时内不宜摄影。

③高山地和高层建筑物密集的大城市宜在当地正午前后各1小时内摄影。

（5）航线规划：

因多旋翼无人机飞行范围有限且固定翼无人机起降过程需要一定的净空满足盘旋半径要求，本次起飞场地以安全第一并兼顾实际飞行效率。根据前期现场考察已经找到10~15处适合起降的场地，基本能满足本项目的作业要求。根据项目情况设计飞行高度200~250m，部分航线如图4-78、图4-79所示。

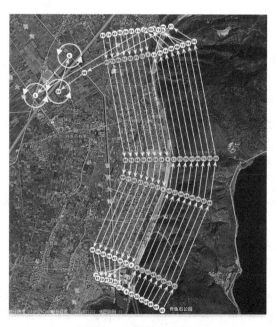

图4-78 部分航线图

4）外业航飞影像预处理

此部分内容同4.1.3小节。

图 4-79　部分航线图

5）像控点测量

此部分内容同 4.1.3 小节。

6）空中三角测量技术路线

此部分内容同 4.1.4 小节。

7）内业数据预处理

此部分内容同 4.1.5 小节。

8）工作集群建立

此部分内容同 4.1.5 小节。

9）相对定向

为了能够将无序的影像在空间中相互对齐，并构建与真实状态下相接近的统一的空间模型，就需要对影像进行空三加密操作。该操作过程是倾斜摄影建模的核心步骤，当空三加密完成之后，其结算成果会在 3D View 中进行可视化的显示，也可以将空三后的成果直接导出成 XML 格式进行查看。

倾斜摄像测量的空中三角测量计算，目的是自动估算每个相机属性信息及每个像片的位置和角元素信息，准确地掌握每个输入影像组（每个相机获得的像片组成一个单独的影像组）的属性及每个像片的姿态信息，用来执行三维重建。当部分像片未能进行自动连接时，需要人工补充连接信息。

10）绝对定向

绝对定向主要是通过像控点的加密，像控点加密主要有 3 个作用：①有利于空三加密过程中影像匹配的速度和精度；②对空中三角测量成果进行控制加密；③可以对建模成果起到坐标转换的作用。对于模型坐标系，我们在软件中预先设置了像控点的投影文件，像控刺点完成之后再进行一次空三加密处理。

对于倾斜摄影空中三角测量空三加密要求如下：

（1）控制点中误差不超过 2 个像素，自动连接点中误差不超过 2 个像素。

（2）检查点平面位置偏移不超过 3 个像素，高程值与模型高程之差不超过 3 个像素。

11）三维模型构建

（1）多视影像密集匹配。基于畸变改正后的多视影像和空三优化后的高精度外方位元素，采用多基元、多视影像密集匹配技术，利用规则格网划分的空间平面作为基础，集成像方特征点和物方面元两种匹配基元，充分利用多视影像上的特征信息和影像成像信息，对多视影像进行密集匹配。

（2）构建模型三角网。有效利用多视匹配的冗余信息，避免遮挡对匹配产生的影响，并引入并行算法以提高计算效率，快速准确地获取多视影像上的同名点坐标，进而获取地物的高密度三维点云数据，基于点云构建不同层次细节度（Levels of Detail，LOD）下的模型三角网。

（3）模型三角网优化。将内部三角的尺寸调整至与原始影像分辨相匹配的比例，同时通过对连续曲面变化的分析，对相对平坦地区的三角网络进行简化，降低数据冗余，获得测区模型矢量架构。

（4）实现三维模型纹理映射包括三维模型与纹理图像的配准和纹理贴附。因倾斜摄影获取的是多视角影像，同一地物会出现在多张影像上，选择最适合的目标影像非常重要。采用模型表面的每个三角形面片的法线方程与二维图像之间的角度关系来为三角网模型衡量合适的纹理影像，夹角越小，说明该三角形面片与图像平面接近平行，纹理质量越高，通过此方法，使三维模型上的三角形面片都唯一对应了一幅目标图像。然后计算三维模型的每个三角形与影像中对应区域之间的几何关系，找到每个三角形面在纹理影像中对应的实际纹理区域，实现三维模型与纹理图像的配准。把配准的纹理图像反投影到对应的三角面片上，对模型进行真实感的绘制，实现纹理贴附。

三维重建时具体要求如下：

①空间框架使用 2000 国家大地坐标系，高斯-克吕格投影，中央经线 102.5°。

②重建前需要勾画出测区内的水面范围，作为重建的软约束辅助三维重建，用于正确恢复水面。勾画的水面范围不需要完全与水面完全吻合，水面范围内的物体（如船只）也不需要剔除。表面约束仅用于无其他可靠数据的位置，地面和船只不会受到影响。

③重建时设置的分块大小为 50m 整数倍。

④重建分辨率设置为默认最高分辨率。

⑤三维实景分块模型数据是采用三维网络表示的 OSGB 格式。

12）正射影像图构建

正射影像图是基于三维模型构建之后生产的，生产顺序依次为：①在已经构建了模型的工程下提交正射影像选项重建项目；②根据项目需求设置采样间距和最大影像尺寸；③选择项目所需坐标系提交成果。由于正射影像的生产也是分块进行的，分块数据最终需要在 Global Mapper 中进行合并导出。

2. 激光雷达测量技术路线

无人机机载雷达生产路线如图 4-80 所示。

1）航线规划

按照作业要求，规划检校航线、数据采集航线，包括航带间重叠度、飞行高度、飞行

速度、扫描仪扫描频率、扫描仪覆盖范围等的规划。航线的规划需要考虑架设基站的数量
（基站的有效距离为10~15km）。具体的航线可以根据提供的 KML 区域、DEM 高程进行
初步规划，在进行现场勘察后，由地表情况进行飞行高度、飞行速度等的进一步调整，以
保证数据采集作业的安全性与有效性。

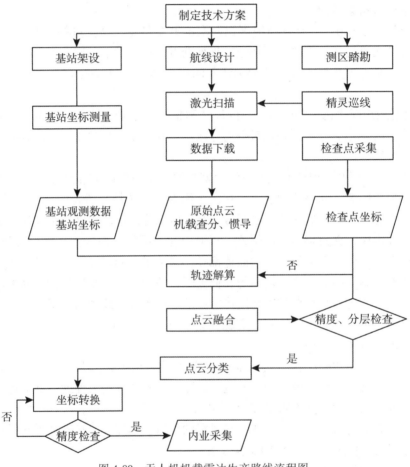

图 4-80　无人机机载雷达生产路线流程图

（1）参数设置：

①扫描线宽度 $=\sqrt{2\times(最大测程)^2\times(飞行高度)^2}$ ；

②扫描线点数 $=(扫描频率\times有效扫描角度)\div(线扫速度\times360)$ ；

③线上点间距 $=\dfrac{扫描线宽度}{扫描线点数}=\dfrac{扫描线宽度\times线扫速度\times360}{扫描频率\times有效扫描角度}$ ；

④线间距 $=\dfrac{飞行速度}{线扫速度}$ ；

⑤线上点间距 $=$ 线间距；

⑥线扫速度 $=\sqrt{\dfrac{飞行速度\times扫描频率\times有效扫描角度}{扫描线宽度\times360}}$ ；

⑦点密度 = $\dfrac{1}{\text{线上点间距×线间距}}$。

（2）系统检校：

由于工业技术限制，系统集成时，不能做到各个传感器的坐标轴严格平行，各个传感器坐标轴之间存在小角度偏差。因此在作业前，需要飞检校航线，检校激光扫描仪与 IMU 之间的安装角误差；影像数据主要靠后期空三解算来校正位置、姿态误差，因此不需要检校相机与 IMU 之间的安装角。

检校要求飞平行 3×3、垂直交叉航线，保证往返航线重叠区大于 80%，交叉航线垂直角度在 85°～ 95°，要求检校区域地面有建筑物、平坦路面、路灯、电线杆等特征地物。通过往返航线可检校出俯仰角、翻滚角误差，通过交叉航线可检校出航向角误差（图 4-81）。

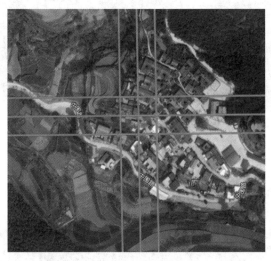

图 4-81　检校航线

（3）航线规划：

项目拟定相对航高为 150m，激光扫描角度 90°，频率 100kHz，单条航带点密度为 10 点每平方米，扫描带宽为 300m，故当航带间距为 120m 时，激光点云航带重叠率为 60%，获取的激光点云密度大于等于 5 每平方米。满足 1∶2000 激光雷达航测规范要求（表 4-8、图 4-82）。

表 4-8　　　　　　　　　　　　　ZT-R250 激光雷达作业参数

相对航高 H（m）	150
激光扫描角（°）	90
激光脉冲频率（kHz）	100
飞机地速（m/s）	8

续表

激光扫描旁向重叠度(%)	60
航线间隔(m)	120
线扫速度(lin/s)	50
Lidar 数据点密度(点/平方米)	25

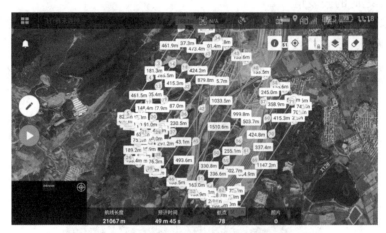

图 4-82　激光部分航线图

2) 无人机载平台

项目采用 M300RTK 搭载激光雷达扫描系统进行点云采集(图 4-83、图 4-84)。

图 4-83　大疆 M300RTK 搭载激光雷达

图 4-84　大疆 M300RTK 地面站平台

3）航测作业

机载移动测量系统由多个传感器集合而成，系统关联程度大，技术复杂度高，为保证完成高质量数据的采集，通常需要做好如下环节：

（1）设备安装与基站架设。根据所选无人机机型，为设备量身定做飞机搭载平台，在确保飞机飞行安全的前提下，确保平台不会对激光、相机的视场造成遮挡，平台稳定牢固，确保设备的安全与稳定性。GPS 基站架设在已知地面控制点上，设置好基站的各项参数，保证电量充足、脚架固定牢靠，准确量取天线高。GPS 的相关参数设置如表 4-9。

表 4-9　　　　　　　　　　　　　　　GPS 的相关参数设置

采集模式	静态模式
采样间隔	0.5s
数据格式	.sth（南方基站格式）

（2）偏心矢量测量。以 IMU 坐标系为基准，IMU 坐标系定义为右前上（xyz），测量激光、相机、GPS 天线到 IMU 中心的偏心矢量。使用全站仪精确测得设备各个基准点的坐标，计算出 IMU 三个轴面的空间法向量，进而计算出激光、相机、GPS 天线在 IMU 三个轴上投影分量，也即是距 IMU 中心的偏心矢量。使用高精度全站仪测量，可保证测量精度控制在 1cm 以内。

（3）确定作业时间。激光雷达可全天候作业，但为保证安全，一般在可见度良好的白天进行数据采集作业。

（4）飞行前做好以下准备工作：

①根据气象预报，提前分析目标区域飞行可行性；

②上述条件满足后，提前联系获取空域管制计划，做好空域协调工作；

③做好地面基站准备工作；

④系统测试以及飞行准备。

（5）数据采集：

①打开 GPS 基站的记录开关，记录基站数据；

②打开设备保护罩；

③对测区进行实地勘察，并选择一块平坦开阔区域（GPS 信号良好），对惯导进行初始化；

④使用三维激光扫描仪控制软件 ZT-Controler 连接设备；

⑤查看惯导是否初始化完成，连接 POS 后，查看卫星数是否满足采集要求；并设置扫描截止角参数、扫描线速度参数；

⑥开启 POS 记录开关，开启激光扫描开关；

⑦按提前规划的航线进行飞行；

⑧飞行期间，要求飞手时刻关注无人机状态，能够迅速处理各种突发事件。

（6）结束采集与下载数据：

①采集结束后，首先停止激光、拍照，接着进行惯导结束化；

②关闭 POS 记录开关，下载 POS 数据；

③下载扫描仪数据；

④在控制软件中将激光关机后，方可断开电源并拆卸设备；

⑤全部采集作业结束后，关闭 GPS 基站，下载基站数据。

（7）补飞或重飞：

①检查各个传感器是否正确记录数据，确定是否重飞或补飞；

②检查数据是否缺失，是否偏离航线，确定是否重飞或补飞；

③检查原始数据是否满足精度要求，确定是否重飞或补飞。

4）地面基站布设方案

（1）设备要求如表 4-10。

表 4-10　　　　　　　　　　　　　　基站设备技术要求表

	技 术 要 求
基站设备	1. 双频 GPS 设备； 2. 续航能力 10 小时。
观测要求	1. GPS 接收机数据采样间隔 0.5 秒；最小卫星数 12 颗； 2. 卫星截止高度角 15 度； 3. 量取 GPS 天线高，填写观测手簿等相关资料。

（2）布设方案。在飞行区域内，架设 GPS 固定基准站，用地面 GPS 固定基准站采集的数据与 POS 系统内部的双频 GPS 接收机采集的数据进行差分测量，经数据处理获得连续的、精确的传感器实时位置。根据测区地形状况，在地形复杂地区激光采集精度相对较低，必须提高原始差分精度。根据 GPS 技术指标，为保证地面数据采集稳定性，在线路

区域内布设一台地面 GPS 基站, 基站覆盖方圆 10km 范围。

(3)基站数据质量检查(辅助航飞数据采集的基站数据)。地面 GPS 基站数据质量检查内容包括:

①采用预报星历, 并应保证95%以上的有效观测高度角大于10°; 测距观测质量 MP1 和 MP2 小于 0.5m; 钟的日频稳定性不低于 10^{-8};

②采集时段与飞行时段吻合, 并且采集频率满足要求;

③接收 GPS 信号有无失锁, 卫星数量是否满足要求;

④GPS 的 P-DOP 是否满足要求, 数据的连续性和完整性。

5)激光雷达数据处理及数据生产

(1)使用 Inertial Explorer 轨迹解算软件进行轨迹解算:

①基站原始数据转换。GPS 基站的数据可能会有不同格式, 先将其转换成 RENIX 格式, 下面以南方的 .STH 格式转换为例(图 4-85)。

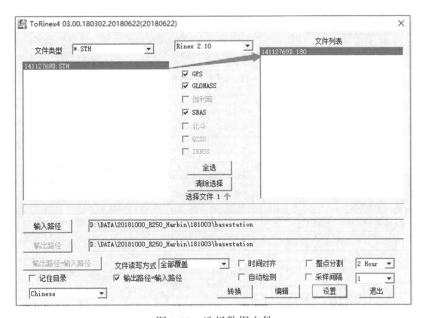

图 4-85 选择数据文件

在 IE 中将 RENIX 格式文件转换成 .GPB 文件(图 4-86)。

②在 IE 中新建工程进行轨迹结算。Inertial Explorer 后处理软件(后简称 IE)是 NovAtel 公司 Waypoint 研发的强大且可配置度高的数据后处理软件, 用于处理所有可用的 GNSS、INS 数据, 提供高精度组合导航信息, 包括位置、速度和姿态信息。针对精度和稳定性要求比较高, 不需要实时导航定位信息的应用, 可以通过 GNSS 和 INS 原始数据后处理的方式, 提高组合导航解算精度和稳定性。新建工程时, 按照提示添加流动站数据 (.GPB)、IMU 数据(.IMR)、基站数据(.GPB)(图 4-87)。进行 GNSS 差分、TC 紧耦合 (图 4-88)处理后解算出具有位置信息的轨迹数据(.POS)(图 4-89)。

输入前期准备过程中量取的偏心矢量(图 4-89)。

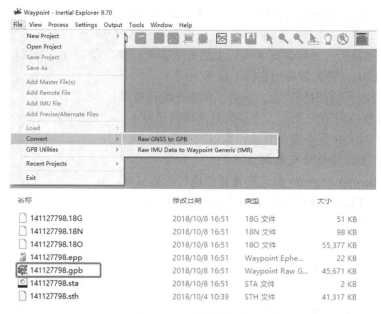

图 4-86 选择转换格式

图 4-87 输入基站参数

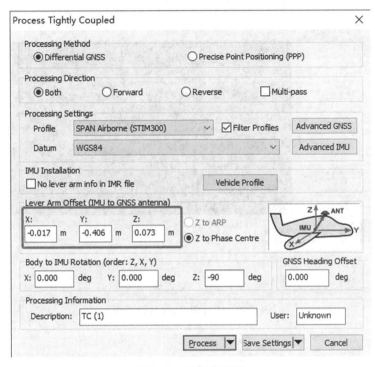

图 4-88　紧耦合处理

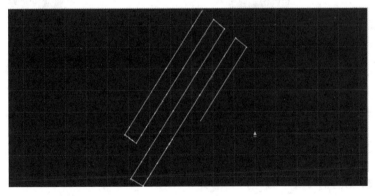

图 4-89　POS 轨迹

（2）融合点云数据。在南方自主研发的点云融合软件 Point Process 中进行点云融合（图 4-90）。导入解算好的轨迹数据（.POS）和扫描仪数据（.RXP），输入检校参数，可设置根据激光点反射率及距离进行粗滤波来过滤噪点，得到高精度位置信息的点云数据（.LAS）。

（3）坐标转换。在点云融合软件 Point Process 上进行坐标转换（图 4-91），将解算好的点云从 CGCS2000 坐标系通过七参数或四参数转换到当地坐标系（本次为 CGCS2000 坐标系，本次高程需要根据要求转换到 1985 高程系）。

（4）点云检查。在点云处理软件 Terrasolid 中，检查点云是否有分层。确认点没有分层后，无人机机载激光雷达数据外业采集结束（图 4-92）。

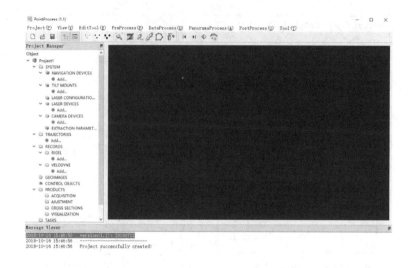

图 4-90　Point Process 软件界面

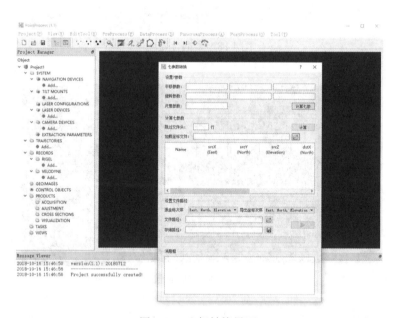

图 4-91　坐标转换界面

（5）点云分类：

①点云分类原则如下：

a. 地貌、土质以及与地面相连而成的道路、水系、沟坎等地物应表示；

b. 临时地物（如临时土堆等静地物，车辆、行人、飞鸟等动地物）、粗差点等应剔除；

c. 自动分类错归为 Ground 的建筑物表面点、地面上的杂物点，归入 Default。如建筑

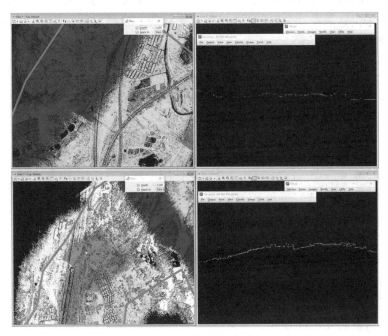

图 4-92　点云数据检查

物墙角或墙面点、围墙上的点(含墙面)、露天设备、煤堆上的点(被吸收,比较少)及草堆、箱子、垃圾等临时性堆积物。

d. 水利设施:对于路堤、土堤、拦水坝、水闸等构筑物底部与地面相接的,应保留这些地物的点云数据。

②使用算法进行粗分类如下:

a. 分离低点:把较低的点从与其相邻的点中分离出来。

b. 低于地表算法:把一些低于邻近点的点从源类中分离出来,确定低于真实地表面的点。

c. 地表点分类:通过反复建立地表三角网模型的方式分离出地表上的点。

d. 加点到地表:使用分类方法中的"Iteration Angle"较小值参数进行点剔除。

e. 根据地表点按高度处理:根据点是否落在与地表模型相比较某一高度范围区间中从而判断点类别的方法。使用这一方法的前提条件,是已经成功进行了地面点的分类。

f. Buildings:把建筑物的点从一些平坦地表点中区分出来。这一方法的前提是已经成功分离出地面点,最好对低矮植被也进行了分类,这样只有高于地表 2m 以上的点才可能是建筑物。

g. 对建立给定精度的三角网模型的点进行分类。这种方法一般应用在从分类地表点中抽取点来生成的地表点数据集合。粗分类建立规则如图 4-93 所示。

③细分类:

粗分类实现的是将地面与非地面大概的分离,对于复杂地形不可能实现正确无误,需要对粗分类的结果进行检查和修改,称为细分类。检查修改的内容主要是两类:应该保留在地面层中点(山脊山谷、路沟坎、大坝、礁石、田埂等)却被分类到非地面层，需要手动返回到地面层中；需要分类掉的点(植被、建筑物、交通设施、桥、小物体等)未粗分类彻底，需要手动分类干净。

图 4-93　粗分类建立规则

需分类的对象如表 4-11 所示。

表 4-11　　　　　　　　　　　　　　　　**细 分 类 表**

交通设施	道路设施等	道路桥(长 5m 以上)、高架桥、横断步道桥照明灯、信号灯、道路信息板等
	铁道设施	铁道桥(长 5m 以上)、高架桥(包括单轨铁路的高架桥)、跨线桥、站台、站台棚、架线支柱、信号灯支柱
	移动物体	停车车辆、铁道车辆、船舶
建筑物等	建筑物及其附属设施	一般住宅、工场、仓库、公共设施(学校、体育馆、大厅、会馆等)、车站宿舍、棚房(温室、塑料大棚)、竞赛场的看台、门、游泳池(包括基座)、墙
		比周围高程高的水处理设施
小物体	—	纪念碑、鸟居、贮水槽、肥料槽、给水塔、起重机、烟囱、高塔、电波塔、灯台、灯标、输送管(地面、空中)、送电线
水部等	与水部相关的构造物	浮栈桥、水位观测设施、河川表示板
植被	—	树木、竹林、树围墙
噪点	—	低于地面的错误点，空中飞鸟、云等错误点
其他	其他	大规模改造工事中的地域、地下铁工事等的开凿处、资材置场等的材料、资材

注：1. 关于地表面，能判断的部分要尽可能地使用。

2. 关于地表面，能判断是恒久的部分要采用。

3. 大规模工事地域要同客户沟通。

6）DEM 生成

数字高程模型可以直接用分类后的地面点进行制作，在某些由于激光点采集或过滤造成的地形表现不完整的特殊区域(如河流、桥下、陡坎等)，可通过添加特征线数据来补充。

（1）添加特征线：

①需要添加特征线的区域一般为：河流、桥下、陡坎。造成这些地方需要添加特征线的主要原因如下：

河流：水能吸收激光的部分能量，所以激光雷达数据中水面经常会出现部分空洞的情况；

桥下：部分比较宽的桥被过滤掉，由于桥下没有点云，而形成桥两端的点构建三角网的现象；

陡坎：由于植被或者建筑物等的遮挡，当植被或者建筑物被过滤后，地面形成空洞造成的地形缺失现象。

②特征线添加样例如表 4-12 所示。

表 4-12   特征线添加样例表

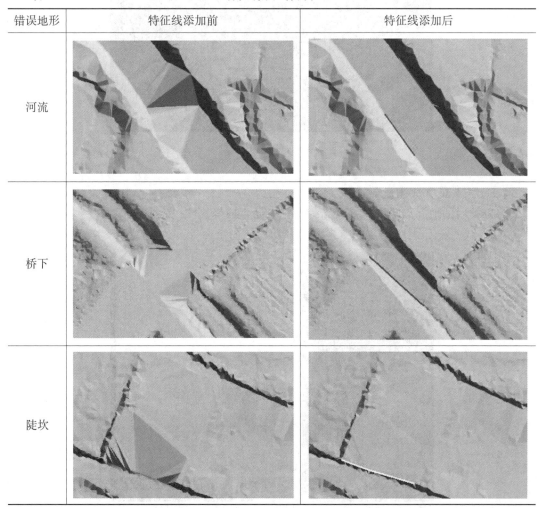

错误地形	特征线添加前	特征线添加后
河流		
桥下		
陡坎		

（2）制作数字高程模型：

使用地面点及特征线，通过双线性内插法构建三角网模型，重采样为 0.5m 的格网数据。注意事项：

①特征线要参与构网和重采样；

②最长三角网的长度要不小于区域内最大空洞（水域、建筑物过滤后的空洞等）的宽度，否则会导致 DEM 中出现部分区域无效值；

③相邻图幅构建的三角网必须有重复，这样重采样之后相邻图幅接边处高程值不会发生跳跃或无效值。

DEM 成果图如图 4-94 所示。

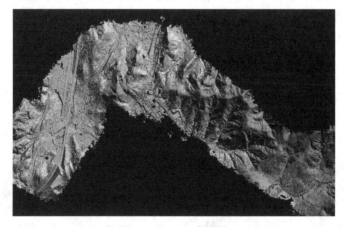

图 4-94　DEM 成果图

7）高程点获取及生成等高线

将分类后的地面点输出转换成高程点，以便生成等高线（图 4-95）。

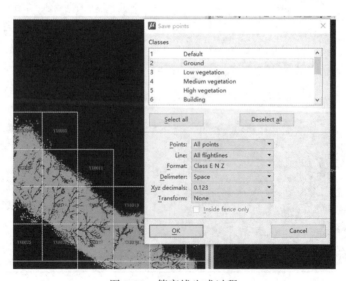

图 4-95　等高线生成过程

3. 地形图生产

1）生产流程

地形图采集流程如图 4-96 所示。

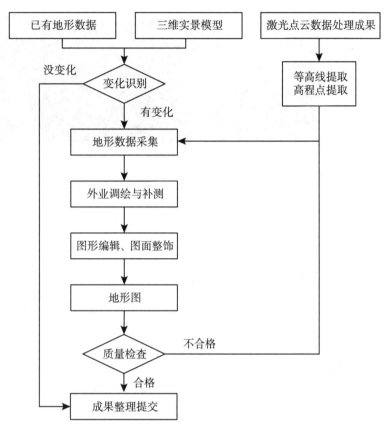

图 4-96 数字地形图采集流程

2）数据采集要求

地形图数据采集主要采用南方航测三维测图软件、南方 CASS 等专业软件，按照三维实景模型进行采集生产。对于按照三维实景模型采集不准或与实地不符的地形地物，采用全站仪或 GPS RTK 测定地形要素的坐标和高程，对于部分隐蔽点则采取皮尺或手持激光测距仪丈量边长，用边长交会方法求得其坐标，也可采用方向交会法测定地物点的位置。

采集的地形图要素应包括如下内容：各级控制点、居民地和垣栅、工矿建（构）筑物及其他设施、交通及附属设施、管线及附属设施、水系及附属设施、境界、地貌和土质、植被等各种地物、地貌以及地理名称注记等。

地物、地貌要素的表示方法和取舍原则，按 GB/T 20257.1—2017 执行。

3）地形图采集及表示

（1）数据采集一般要求：

地形图数据采集主要采用南方航测三维测图软件等专业软件（见图 4-97），按照三维实景模型进行采集生产。

图 4-97

数据采集编辑要求:

① 在立体模型上采用手工采点矢量化完成要素采集。

② 要素间的关系应合理,由于采集原因产生的矛盾,应编辑解决。

③ 无法准确采集的要素或地貌变化的要素,必须先做标识,进行外业补测。

④ 数据采集时,应注意处理好各要素的关系,各层要素叠加后关系应协调一致,如居民地与道路、水库与坝、河流与桥的关系等。

⑤ 点状要素采集符号定位点。

⑥ 单线表示的地类要素,按符号中心线采集。线状要素被其他要素隔断时,除特别规定的辅助线外,应连续采集。线状要素上点的密度以几何形状不失真为原则,点密度应随着曲率的增大而增加。

⑦ 点、线矛盾的高程点、控制点,除个别错误点不采集外,其余点应全部采集并编辑等高线,使之关系合理。

⑧ 数据采集、编辑时应保证线条光滑,严格相接,不得有多余悬挂。

⑨ 图形不能存在拓扑错误,点状要素不能重叠表示,线状要素不得自相交、重复等。

矢量化数据精度要求:

以 DOM 为背景进行检查,矢量化要素的采集边界与 DOM 上明显地物界线的位移偏移不应超过 1 个像素。

矢量数据接边要求:① 线状要素应终止于理论内图廓线;② 数据必须接边,并保持接边的合理性;③ 接边时应保持关系合理,如果只有一边有接边要素,则不接边;④ 不同等高距的图幅接边,只接相同高程的等高线。

(2)地形图要素采集及表示:

①各类控制点:各类控制点在图上应精确表示,高程注记到 0.01m,图上点号、坐标值必须与成果表严格一致。

②居民地及垣栅：

a. 居民地的各类建筑物、构筑物及主要附属设施应准确测绘实地外围轮廓和如实反映建筑结构特征。建(构)筑物和围墙轮廓凸凹小于0.2m，简单房屋凸凹小于0.3m，可用直线连接。

b. 房屋以墙基外角为准，房屋应逐个测量表示。临时性的房屋可综合取舍，用地类界线绘出，并注"工棚区"。房屋根据建筑结构和层数不同要分开表示(分层线用虚线表示，一层的可不注层数)。混成一体的建筑物，层数比较清楚的应尽量分层测绘，分层表示困难时，以主体建筑层数注记；层数相近而又较难分割的，以占地面积较大的层数注记。对综合性的大楼和裙楼，建筑物与地面交线用实线表示，最外飘出部分的投影线以及主体与裙楼分层线用虚线表示；裙楼层数以面积大的注记，主体楼层数以最高层数注记。

c. 飘出部分应分飘楼(吊楼)或阳台。若第二层为飘楼，以上各层为阳台时，则表示最外一层的飘楼或阳台，投影到一楼以上的，飘楼和阳台不表示，当两种交替变换频繁时，短的一种归入长的一种综合表示("短"是指长度小于2m)。

d. 房屋结构按图式规定表示，即注"砼""砖""混"等。以砖为墙体，楼板不是钢筋混凝土结构的瓦、铁皮、石棉瓦盖顶的房屋均以"砖n"表示；钢筋混凝土框架结构的房屋以"砼n"表示；附在其他房屋或靠围墙搭建并以木板或其他简单材料为盖顶的杂物房和搭建在河边、鱼塘边、水面上的茶楼、房屋以简单房屋表示；以钢柱或钢筋混凝土柱为支撑，四周以铁皮为墙体，铁皮或石棉瓦为顶盖的车间、工厂也以简单房屋表示，面积较大时注其用途。

e. 围墙、栅栏、栏杆、篱笆和铁丝网等围护物，均应实测。在墙基1m以上(含1m)构筑栏杆的按围墙表示，1m以下的以栅栏表示，实测位置以墙基为准。

f. 房屋内部大于4平方米的天井原则上应表示。

③其他房屋附属设施：

a. 柱廊以外线投影为准，用虚线表示，四角或转角处的支柱应实测。

b. 落地阳台以栏杆外围为准，用实线表示，其内部的墙基线用虚线表示；悬空阳台和飘楼(吊楼)均用虚线表示，为了在图上有所区别规定飘楼(吊楼)加注层数，一层吊数也要注"1"，但不注结构。当又有阳台又有吊楼时，以多的一种表示，两者一样多时，阳台综合进吊楼一起计为吊楼的层数表示。

c. 门廊以顶盖投影为准，用虚线绘出，柱的位置要实测。

d. 大门的门顶以顶盖投影为准，用虚线表示，柱的位置应实测。

e. 门墩以墩外围为准，墩的位置应实测。

f. 室外楼梯应实测表示，但有两种情况，一种是与房子连成一体而且是露天的；另一种是与房子不连成一体独立的，而且是盖顶的，均以室外楼梯表示。以落地的范围实测，室外楼梯，宽度小于图上1mm的不表示。

g. 与房屋相连的台阶按投影测绘，但图上不足以绘三级符号(或实地长度小1.5m)的，可不表示。

h. 建筑物门前的有行业通道的雨篷(罩)，无论有柱无柱，均应按投影实测用虚线绘出。

④工矿建(构)筑物及其他设施：

a. 工矿建(构)筑物及其他设施的测绘,图上应准确表示其位置、形状和性质。

b. 工矿建(构)筑物及其他设施依比例尺表示的,应实测其外部轮廓,并配置符号或按图式规定用依比例尺符号表示;不依比例尺表示的,应准确测定其定位点或定位线,用不依比例尺符号表示。

⑤交通及附属设施:

a. 交通及附属设施的测绘,图上应准确反映陆地道路的类别和等级,附属设施的结构和关系。正确处理道路的相交关系及与其他要素的关系。

b. 公路路中、道路交叉处、桥面等应测注高程,隧道、涵洞应测注底面高程。

c. 公路与其他双线道路在图上均按实宽依比例尺表示。公路应在图上每隔 15~20cm 注出公路技术等级代码,国道应注出国道路线编号。公路、街道按其铺面材料分为水泥、沥青、砾石、条石或石板、硬砖、碎石和土路等,应分别以水泥、沥、砾、石、砖、碴、土等注记于图中路面上;铺面材料改变处应用点线(地类界)分开。

d. 城市道路为立体交叉或高架道路时,应测绘桥位、匝道与绿地等。多层交叉重叠,下层被上层遮住的部分不绘,桥墩或立柱应实测(虚线表示)。垂直的挡土墙可绘实线而不绘挡土墙符号。

e. 路堤、路堑应按实地宽度绘出边界,并应在坡顶、坡脚适当测注高程。

f. 道路通过居民地不宜中断,应按真实位置绘出。市区街道应将车行道、过街天桥、过街地道出入口、分隔带、环岛、人行道等绘出;位于街道、公路、广场、空地上的花圃、花坛范围线以实线表示;位于内部道路边或单位(小区)内部且平地面的花圃、花坛范围线以虚线表示,当高出地面 0.2m 以上时以实线表示;城镇内道路边的汽车候车亭实测范围用实线表示,没有候车亭的公共汽车站可不表示。

g. 跨河或谷地等的桥梁,应实测桥头、桥身和桥墩位置,(桥墩用虚线表示)加注建筑结构。

⑥管线及附属设施:

a. 正规的电力线、电信线均应准确表示,电杆、铁塔位置应实测。当多种线路在同一杆架上时,只表示主要的。城市建筑区内电力线、电信线可不连线,但应在杆架处绘出线路方向。各种线路应做到线类分明,走向连贯。

b. 架空的、地面上的、有管堤的管道均应实测,分别用相应符号表示,并注记传输物质名称。当架空管道直线部分的支架密集时,可适当取舍。有水泥、沥青铺装的街道及公路上的地下管道检修井及污篦子需要表示,单位、小区内的可适当取舍。

⑦水系及附属设施:

a. 江、河、湖、水库、池塘、沟渠、泉、井等及其他水利设施均应准确测绘表示,有名称的加注名称。

b. 河(溪)流、湖泊、水库等水涯线,宜按测图时的水位测定,当水涯线与陡坎线在图上投影距离小于 1mm 时以陡坎线符号表示。河流、沟渠在图上宽度小于 1mm 的用单线表示,河流在图上应每隔 10cm 测注一个水涯线高程。

c. 水渠应测注渠顶边和渠底高程;堤、坝应测注顶部及坡脚高程;池塘应测注塘边及水涯线高程,干枯的水塘要测注塘底高程并注"干枯水塘";泉、井应测注泉的出水口与井台高程,并注出井台至井水面的深度。

⑧地貌和土质：

a. 地貌和土质的测绘，图上应正确表示其形态、类别和分布特征。

b. 自然形态的地貌宜用等高线表示，崩塌残蚀地貌、坡、坎和其他特殊地貌应用相应符号或等高线配合表示。

c. 各种天然形成或人工修筑的坡、坎，其坡度在 70°以上时表示为陡坡，70°以下时表示为斜坡。斜坡在图上投影宽度小于 2mm，以陡坡符号表示。当坡、坎比高小于 0.5m 或在图上长度小于 5mm 时，可不表示；坡、坎密集时，可适当取舍。梯田坎坡顶及坡脚宽度在图上大于 2mm 时，应实测坡、坎脚。

d. 坡度在 70°以下的石山和天然斜坡，可用等高线或用等高线配合符号表示。土堆、坑穴、陡坎、斜坡、梯田坎等应在上下方分别测注高程或测上(下)方高程及量注比高。

e. 各种土质按图式规定的相应符号表示，大面积沙地应用等高线加注记表示。

f. 高程注记点应分布均匀，一般每方格应有 10 个以上高程注记点(含房角、地物等的高程点)。

g. 城镇建筑区高程注记点应测设在街道中心线、街道交叉中心、建筑物墙基脚和相应的地面、管道检查井井口、桥面、广场、较大的庭院内或空地上以及其他地面倾斜变换处。

h. 按基本等高距测绘的等高线为曲线。从零米起算，每隔四根首曲线加粗一根计曲线，并在计曲线上注明高程，字头朝向高处，但需避免在图上倒置。山顶(指土岭)、鞍部、凹地等不明显处等高线应加绘示坡线。

i. 城镇建筑区和不便于绘等高线的地方，可不绘等高线，但要测注碎部点高程。

j. 山脚、谷底、谷口、沟(坎)底、沟口、凹地、台地、河川湖池岸旁、水涯线上以及其他地面倾斜变换处，均应测注高程注记点。

⑨植被：

a. 田埂宽度在图上大于 1mm 的用双线表示，小于 1mm 的用单线表示。田块内应测注有代表性的高程。

b. 对耕地、园地应实测范围，配置相应的符号表示。同一地段生长有多种植物时，可按经济价值和数量适当取舍，符号配置不得超过三种(连同土质符号)。

c. 行树起止点、拐点应实测表示。

⑩其他要求：

a. 高程注记应测设在道路中心线、道路交叉中心、建筑物墙基脚、管道检查井井口、广场、空地、桥面、坡面、坎面、隧道底、涵洞底、坎底、坡底以及其他地面倾斜变换处。

b. 二级以上等级控制和图根埋石点高程注记取位至 0.001m，非埋石图根控制点和其他碎部高程注记取位至 0.01m。

c. 应注意调查路名、街名、巷名、村名、大单位名称、自然地理名称和门牌号，单位名称太长时可以缩写，但缩写后含义要清楚。

d. 注记字体大小、字型、方向等要按 GB/T 20257.1—2017 规定执行。

(3)图幅接边：

①同期测图接边小组间按西接东、南接北的原则确定接边责任人。测区小组间分配任

务时尽量以街道、道路、河流、沟渠为分界线，以减少接边工作量，保证图块的独立性。不同期测图接边小组间采用先申请且提交接边数据免于接边责任，后申请接边者负责接边。

②图幅接边不仅要进行图面接边，还应对属性数据进行接边，以保证数据的无缝拼接。

③各类地物的拼接，不得改变其真实形状和相关位置，线状地物在接边处不得产生明显转折。高程注记点同一块平地内较差不得大于±0.2m。

4. 外业调绘与补测

1）一般规定

（1）本次外业采集与调绘工作是对航测内业采集的所有要素进行定性，采集或补调隐蔽地物、新增地物和采集遗漏的地物，并纠正内业采集错误的地物，进行全面的实地检查、采集、地理名称调查注记、屋檐改正等项工作，要求做到图面和实地景观保持一致，保证其数学精度。对已拆除或实地不存在的地物（地貌）以及多余的线条、符号均应在工作底图上用红色"×"逐个划去，图面上不允许出现既无定性，又无打"×"的地形、地物要素。凡图上标有"A"字样的地方，均为内业无法准确定位，外业要认真核对，经核对改正后，必须将"A"打"×"。

（2）外业要检核内业数据采集的精度，内业精度达不到要求时外业要进行补测。

（3）重要地物不能丢漏，如道路、独立树、电缆、电塔等；重要名称注记不能丢漏，如重要单位名称、道路名称等；坚持"把握重点，细节不含糊"的总体作业原则。

2）外业补测要求

（1）对于大面积隐蔽地物或新增地物、地貌及多棱角不规则地物，在外业调绘图纸上用红笔圈定范围，内部注明该区域的地理名称，然后采用网络 RTK、单基准站 RTK 或全站仪进行外业采集。采集时可用网络 RTK 或单基准站 RTK 测定图根点。

（2）对于个别隐蔽地物或新增地物，可根据周边明显相关地物作为起点；在确保作为起点的地物准确无误的前提下，勘丈距离。采用交会法、截距法或直角关系等方法进行采集，在外业尽可能要有多条的检核条件。如何判断起算点的准确性，要根据实地情况而定，一般选取明显的独立地物或较为规整的房屋房角等。如果起算点不准时，则要先进行改正，然后才能利用。

（3）当采用交会法进行采集时，交会角度必须为30°~150°。

（4）独立地物的定位必须有两个或两个以上的交会边长，尽可能不要用已交会的地物进行二次交会。

（5）凡是平整地或已变化填平、推平的地方，其内部曲线、沟坎等地貌要打"×"删去，外围边界要尽可能予以准确绘制，并标注相关交会尺寸，等高线的走向应交代清楚。

（6）注意判别内业误测的非房子的东西（如车辆等），并打"×"删去。

（7）使用网络 RTK 测量和采集数据时，应该满足 CH/T 2009—2010《全球定位系统实时动态测量（RTK）技术规范》中有关规定。

（8）采用单基准站 RTK 方法施测时，施测要求如下：

① 点位上空无遮掩物，无干扰源，适合于 GNSS 观测。

② 测区坐标系统转换可以采用点校正，或者直接利用已有转换参数。用来校正的点必须经过 GNSS 静态测量和四等水准测量的高等级点（D 级、5 秒点或 8 秒点）。校正点数不少于 9 个，且分布均匀，与待测区域地貌相关性强。点校正时，要求各点的点位残差小于 2cm。

③ 观测时，移动站观测参数为：有效卫星数大于 5，观测时间 3 秒，观测次数 ≥1 次，支杆高度小于 2m，对中误差小于 5mm，点内符合精度平面中误差 M_p<3cm，高程中误差 M_v<5cm。

④ 观测成果直接记录于终端中。点校正参数作为成果提供。

（9）全站仪数据采集：

① 仪器参数检查。仪器高、目标高、气象改正数、棱镜参数、数据格式和单位等所有相关设置必须正确。

② 仪器对中整平检查。仪器对中的偏差，不应大于 2mm；仪器管气泡不应偏离一格。

③ 视准差和指标差检查。每一站都要测定一次 2C 和 2I，其绝对值小于 40″，才能作业，否则仪器必须进行检校。

④ 定向检查。以较远的控制点定向，用其他控制点进行检核，角度检核值与原值之差不应大于 40″，高程检核值与原值之差不应大于 0.05m，边长（或坐标）检核值与原值之差不应大于 0.03m。

⑤ 归零检查（度盘检查）。测图过程中，在测站结束时检查一次定向方向，每站归零差不应大于 40″。

⑥ 经过测站检查后，用全站仪施测地物点、地形点时，距离、水平角和垂直角（或坐标 X，Y，H）可按半测回一次读数施测。

⑦ 测站至碎部点的距离一般不超过 160m，高程点间隔一般不大于 15m。一般情况下，测站到定向点的定向距离必须大于测站至碎部点的距离的 0.5 倍。

3）外业调绘要求

外业调绘是对内业采集要素的定性补充，要求"走到，看到，记到"。主要基于采集成果进行实地调绘补充修正，采集补调隐蔽地物、新增地物和采集遗漏的地物，并纠正内业采集错误的地物，进行全面的实地检查、采集、地理名称调查注记、屋檐改正等项工作，要求做到图面和实地景观保持一致，保证其数学精度。

调绘时，按《图式》《外业规范》的要求对范围线内的地物，地貌（包括耕地、园地、林地、牧草地和其他农用地、建设用地、未利用土地等）实地进行详细准确的调绘。

（1）垣栅：调绘时应区分围墙、栅栏、铁丝网、篱笆等，内业难以判读的门墩应在调绘时表示。

（2）交通及其附属设施。调绘时，应根据实地道路里程碑上标明的道路性质（高速公路、国道、省道、县道、乡道、大车路、乡村路、小路、内部道路等）及新增道路的路名（以路牌为准）通向企事业单位的道路应补充完整。高出投影面（40m）的新修道路要按照路面高程进行投影差改正。

（3）管线及其附属设施。各类管道、电力线、通信线外业应注明走向并标明相应变电站所。当输电线、配电线及通讯线共用一根电杆时，电杆按高等级的符号表示。

架空管道的墩柱，影像上判读不清的需外业调绘。

（4）对各类独立设施地物进行认真核查和判读，查漏补缺，标出准确位置和地物。

（5）对沟渠和自然河流，调绘流向。

（6）对植被区分类别，并标注区分经济类作物的属性。

（7）其他未提及的内容按 GB/T 7931《1∶500　1∶1000　1∶2000 地形图航空摄影测量外业规范》和《图式》规定的要求进行调绘。

（8）调绘时要将调绘内容标绘在透明纸上，便于自校和检查。

（9）调绘成果按本技术要求外，其余按《图式》要求清绘。

4）图幅接边

（1）同期测图接边小组间按西接东、南接北的原则确定接边责任人。测区小组间分配任务时尽量以街道、道路、河流、沟渠为分界线，以减少接边工作量，保证图块的独立性。不同期测图接边小组间采用先申请且提交接边数据免于接边责任，后申请接边者负责接边。

（2）图幅接边不仅要进行图面接边，还应对属性数据进行接边，以保证数据的无缝拼接。

（3）各类地物的拼接，不得改变其真实形状和相关位置，线状地物在接边处不得产生明显转折。高程注记点同一块平地内较差不得大于±0.2m。

4.2.9　质量控制、检查与验收

1. 检验标准

成果的检查验收及质量评定按 GB/T 17941—2008《数字测绘成果质量要求》、GB/T 24356—2023《测绘成果质量检查与验收》和 GB/T 18316—2008《数字测绘成果质量检查与验收》执行。

2. 质量目标

产品合格率达到100%，产品优良率在90%以上，产品质量应达到优，相关质检标准参照规范要求。

3. 质量控制措施

1）生产前质量控制

为保证项目生产的总体质量，在项目生产前应做好以下几方面工作：

(1)制定科学的、详尽的技术设计书用于指导生产与成果质量检查。

(2)对所有生产作业人员进行相关规范与项目技术设计书培训，使作业人员充分掌握作业方法、技术要求和注意事项，了解项目资料情况，明确项目成果数据要求。

(3)航摄生产实施前，作业人员尽可能详细地了解摄区的地形、气象、机场、交通等信息，认真学习技术设计，做好进场前的各项准备。

(4)三维模型创建前，按照设计书要求检查影像质量，确保影像的 POS 信息、重叠度，控制点的坐标系统是否与项目设计一致，确保各项内容满足三维数据生产作业要求。

2）生产过程质量控制

在航摄生产、像片控制点测量、外业纹理采集、三维场景模型构建的生产过程中，应按照技术路线与要求进行作业，并依照具体指标与要求进行产品过程质量管理控制。

此外，选定具有丰富实践经验的技术支持人员，及时处理技术设计及实施过程中的技术问题，确保生产质量。

4. 质量方法

（1）严格执行 ISO 9001：2015 标准建立的质量管理体系，项目实施过程全程控制，确保实现各生产单位及部门的质量目标。

（2）项目成果的质量实行"二级检查一级验收"制度。

（3）加强质量意识教育，强调作业前的技术学习，统一认识。同时把技术质量管理教育贯穿于测绘生产全过程。

（4）加强对测绘仪器设备计量检定情况的监督检查。生产单位在作业前必须做好所使用仪器及设备的检校工作，并做好检校记录。

（5）严格做到"二级检查一级验收"制度，牢固树立对测绘产品终身负责的观念，各级质量管理人员对成果成图质量自始至终负责。特别强调作业初期的质量检查和监控，生产过程中及时了解质量情况，配合生产部门，对出现的问题进行研究处理，并认真制定纠正和预防措施，确保产品质量受到控制。

6）各级检查员在检查工作过程中，应认真做好检查记录，并提出处理意见。生产单位或作业员按处理意见认真修改并经复核。检查员必须对所查的产品认真做出客观评价，并签名以示负责。

5. 检查形式

作业小组进行"二级检查"制度，即作业生产部门小组过程检查，作业质检部门的最终检查。最终检查结束后作出质量等级评定，并保留过程检查、最终检查的检查记录备查。另外，在工作初期和作业过程中，加大过程检查的力度，对发现的问题做好记录、分析，及时采取纠正措施，确保技术要求得到贯彻。

6. 主要检查内容

主要检查内容包括：
(1)航空摄影成果的飞行质量、影像质量、数据质量、附件质量。
(2)像片控制测量成果的数据质量、布点质量、整饰质量、附件质量。
(3)空中三角测量成果的数据质量、布点质量、附件质量。
(4)地形图成果的数学精度、数据及结构正确性、地理精度、整饰质量、附件质量。

7. 检查比例

（1）过程检查：在作业小组自查、互查的基础上，对所有的成果进行 100% 的室内检查，以及 100% 野外巡视。同时野外进行 30% 抽查，每幅图丈量一定的地物相关位置，并选取 10% 有代表性的图幅设站检查，以统计地形图的数学精度。

（2）最终检查：抽样百分率 20%～30%，对抽样产品室内检查 100%，野外抽查 20% 以上，做好检查记录，进行质量等级评定，编写检查报告。

8. 提交成果资料

（1）技术服务设计书。

（2）检查报告及精度统计表。

（3）技术总结报告。

（4）正射影像一幅，并与等高线等数据套合，影像分辨率 10cm；提供可流畅浏览的软件。

（5）激光雷达测量得到剔除植被后的 DEM 数据，有效宽度 1km。

（6）1∶2000 的等高线图，有效宽度 1km。

（7）1∶2000 的地形图，有效宽度 1km。

（8）原始照片等基础数据及业主要求的过程数据。

（9）沿线电塔、坟墓等的统计报告。

4.3　建筑垃圾临时消纳场航测应用案例

4.3.1　项目简介

项目位于某市，项目主要内容包括对市区内 19 座建筑垃圾消纳场的航飞影像、像控采集。三维模型、正射影像、成果精度需满足符合 1∶500 精度要求。

4.3.2　项目分析

1. 项目的主要工作内容

内容同 4.1.2 中的项目的主要工作内容。

2. 项目技术要求

内容同 4.1.2 中的项目技术要求。

3. 项目作业依据

（1）GB/T 20257.1—2017《国家基本比例尺地图图式　第 1 部分：1∶500　1∶1000　1∶2000 地形图图式》

（2）CH/T 9015—2012《三维地理信息模型数据产品规范》

（3）CH/T 9016—2012《三维地理信息模型生产规范》

（4）CH/T 3006—2011《数字航空摄影测量控制测量规范》

（5）GB/T 14912—2017《1∶500　1∶1000　1∶2000 外业数字测图技术规程》

（6）GB/T 18314—2009《全球定位系统（GPS）测量规范》

（7）GB/T 24356—2023《测绘成果质量检查与验收》

（8）CH/T 2009—2010《全球定位系统实时动态测量（RTK）技术规范》

（9）CJJ/T 73—2019《卫星定位城市测量技术标准》

4. 项目现有资料分析

测区范围即 Google Earth 的 kml 文件，用于制定踏勘路线、航线设计、内业处理范围等。

像控点坐标转换，即采用千寻测量出来的坐标由甲方转到 CGCS 2000 坐标系，1985 高程。

项目测区卫星图如图 4-98 所示。

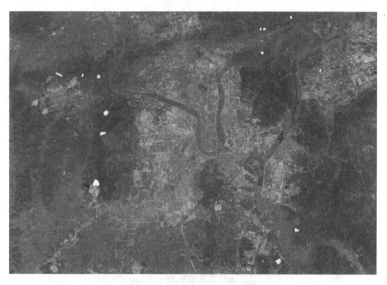

图 4-98　项目测区卫星图

5. 数据采集的硬件和软件环境

硬件：RTK 1 台、无人机 1 台（M300RTK）、高性能电脑、图形工作站，测高片 2 个，卷尺 2 个，网线 1 条。

软件：Microsoft Windows 操作系统、Google earth、空三软件（DJI TEERA）、三维建模软件 DJI TEERA、正射处理软件：DJI TEERA、地形图采集软件南方航测三维测图软件、南方 CASS。

6. 安全文明生产保障措施

①在作业前和作业期间充分做好生产安全防范工作，确保文明生产、作业员人身安全和仪器设备安全；②进入测区前，召开文明生产与安全教育会议，提高作业员安全生产意识，落实安全管理责任人；③进行防蛇、防蜂、防洪及相应急救措施讲座，配备防护用品和有关药品；④大雨天气一般不能进行野外作业，应在这时候加强室内工作力度；⑤在建筑物密集地区作业时，应充分发挥激光测距仪的性能特点，尽量避免司镜员攀爬高楼、峭

崖；⑥进入林区要注意防火，吸烟要注意将火种熄灭；⑦在街道、主要道路与高速公路作业时，作业人员要穿有反光标志交通服装，如果要设站时，测站要设的位置不得阻碍交通，并应在测站前后摆放安全交通标志；⑧作业过程中，应尊重当地风俗习惯、爱护当地居民的财产，礼貌待人，避免与其发生冲突。

4.3.3　项目外业数据采集

1. 无人机航飞作业流程

采用无人机航飞采集主要包括以下工作：准备工作、航摄数据获取、航摄数据加工、成果检查验收、成果整理移交等环节，要求严格控制质量关键节点，各环节质检合格后才可移交下一环节。整体技术路线如图 4-2 所示。

1）设备仪器

本项目范围存在禁飞区域，起飞前需要向当地空管进行报备，成果需要倾斜数据与正射数据，因此本项目航飞采用大疆 M300RTK 航飞。多旋翼无人机对起飞与降落响应比较快，并且该飞机具备 RTK+PPK POS 精度高，符合我们本次项目的要求。根据不同的飞行要求综合考虑实际情况，最终的挂载选择塞尔 102SV2 五镜头，这种挂载能在精度要求范围得到最优的成果，同时能兼顾飞行效率和安全。设备仪器如图 4-99 所示。

图 4-99　大疆 M300RTK 无人机

2）飞行质量

地面分辨率：本次倾斜航飞采用塞尔的五镜头相机，6000×4000，总像素 1.2 亿，设计地面分辨率优于 1.5cm。

像片重叠度：倾斜飞行航向重叠度为 80%，旁向重叠度为 70%；正射飞行航向重叠度为 80%，旁向重叠度为 70%。

3）航摄时间及起飞地点

天气条件与空域时间允许的情况下，倾斜航飞不超过两周，点云数据采集不超过两周，实际飞行天数以现场情况而定。航飞条件包含以下几个方面：

（1）风速条件：

①无人机飞行对近地区域气流反应灵敏，起飞和降落的地面风力 1~2 级为宜。

②无人机飞行应具备 4 级风力气象条件下安全飞行的能力。

③需在飞行平台最大可承受风速内进行安全飞行，具体要求参照各飞行平台参数。

（2）能见度条件：

①飞行宜在天气晴朗，较为通透。

②当空气能见度较差时，宜降低航高或增加感光度以保证影像质量。

（3）温度条件：

兼顾传感器、飞行平台正常工作温度，宜在 0~40℃ 范围内。

（4）光照条件：

①航摄时，应保证具有充足的光照度，能够真实显现地表细部，同时应避免过大阴影。

②沙漠、大面积盐滩、盐碱地、戈壁滩，当地正午航摄应注意采集设备曝光设置，正午前后各 2 小时内不宜摄影。

③高山地和高层建筑物密集的大城市宜在当地正午前后各 1 小时内摄影。

（5）航线规划：

因多旋翼无人机飞行范围有限，本次起飞场地以安全第一并兼顾实际飞行效率，根据前期现场考察已经找到 10~15 处适合起降的场地，基本能满足本项目的作业要求。根据项目情况设计飞行高度 95m，部分航线如图 4-100、图 4-101 所示。

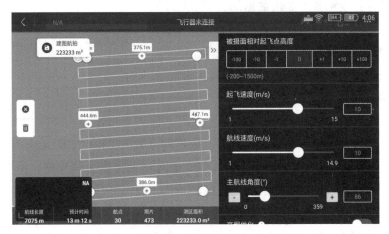

图 4-100　部分航线图一

4）外业航飞影像预处理

（1）影像质量：

①影像应无重影、虚影。

②影像反差适中、层次丰富、能辨别与摄影比例尺相适应的地物。

③影像满足外业全要素精确调绘和室内判读的要求。

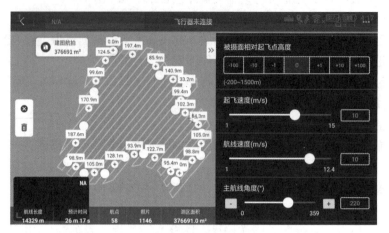

图 4-101　部分航线图二

④影像色彩饱和度适中，应无暗影和光晕。

⑤接影像应无明显模糊、重影和错位现象。

（2）数据运输：

①数据下载：每次飞行结束数据下载。

②数据检查：将 POS 展到 Loca Space Viewer 进行航带覆盖、数据遗漏、地面数据检查。

③数据备份：现场备份 2 份数据。

④数据保管：现场安全保管保存。

⑤数据包装：数据发送前安全包装处理。

⑥数据发送：数据交接发送(现场保管 1 份)。

5）像控点测量

（1）像控布点方式：

①像控点均匀分布整个项目区域范围，像控点一般选在相对空旷无遮挡、识别度高的平地上，刷上 L 形像控识别图案并且无大型输电网和无密集通信设施。原则上需满足航拍的无遮挡和 GNSS RTK 定位测量的无强磁场干扰，确保测量数据准确有效。

②平面控制点选在影像清晰的明显地物点、接近正交的线状地物交点、地物拐角点或固定的点状地物上，实地辨认误差小于图上 0.1mm。弧形地物与阴影处不作为刺点对象。

③平高控制点的选刺同时满足平面和高程控制点对点位目标的要求。

④像控点在各张相邻像片上均清晰可见，选择影像最清晰的一张像片作为刺点片。

⑤为满足优于精度 1∶500，要求每平方千米像控数量不少于 8 个。

（2）像控点测量：

①利用千寻 CORS 系统，采用 CORS-RTK 的方式进行像控点的测量，再由甲方进行坐

标转换得到 CGCS2000 坐标系、1985 高程，主要技术要求如表 4-13。

表 4-13　　　　　　　　　　　　　　像控点测量主要技术要求

定位模式	卫星高度角	有效观测卫星数	测量次数	平滑时间(s)	PDOP
网络 RTK	≥15°	≥4	1	≥5	<6

②CORS-RTK 测量注意事项：

a. RTK 观测时应符合表 4-14 要求。

表 4-14　　　　　　　　　　　　　　RTK 观测技术要求

观测窗口状态	15°以上的卫星个数	PDOP 值	作业要求
良好	≥6	<4	允许
可用	5	≥4 且≤6	尽量避免
不可用	<5	>6	禁止

b. RTK 测量中数据采样间隔一般为 1s，模糊度置信度应设为 99.9% 以上。经纬度记录精确至 0.00001″，平面坐标和高程记录精确至 0.001m，天线高量取精确至 0.001m。

c. RTK 必须在接收机已得到网络固定解状态下方可进行数据记录。

d. 3 分钟内仍不能获得固定解的，应断开数据链，重启接收机再次进行初始化操作。

e. 进行第四步操作之后仍不能得到固定解应更换采集点。

f. 观测时距接收机 10 米范围内禁止使用对讲机、手机等电磁发射设备。遇雷雨天气应关机停测，并卸下天线。

(3) 像控采集结束后对整个像控进行检核，要求如下：

①重复测量检核点数量应在总测量点数的 10% 以上；

②两次重复测量时段应间隔 2 小时以上；

③重复测量检核点宜均匀分布在作业区内，以下为像控点测量及航飞作业工作图(图 4-102、图 4-103)。

6) 成果资料整理

(1) 像控成果数据包含控制点实地照片、控制点成果表。

(2) 原则上应采用数码影像进行刺点，参照 CH/T 3004—2021《低空数字航空摄影测量外业规范》附录 B 的有关要求执行。

(3) 其他观测记录资料按相关规范标准执行。

4.3.4　内业数据生产

空中三角测量技术路线如图 4-7 所示。

图 4-102 像控点测量

图 4-103 航飞作业工作照

4.3.5 内业数据处理

1. 预处理

1）影像数据预处理

在工程构建中，所需要的原始数据主要包括足够重叠度的多视角影像数据。本测区采用了多镜头倾斜云台获取的影像数据，根据不同视角的相机进行单独存储，所有数据的命名具有唯一性且不能出现中文目录。

2）POS 数据预处理

解算 POS 数据时，利用软件选择该架次距离摄区最近的基站数据和机载数据进行联合解算，精密计算出每一张像片于曝光时刻的机载 GNSS 天线相位中心的 CGCS2000 框架坐标。

3）区域分块

（1）应根据航摄分区、软硬件处理能力，合理设置分块大小。

（2）分块接边处宜选择地形起伏较小区域。

（3）区域接边处需有控制点分布，且控制点可适当加密。

2. 工作集群建立

为了提高数据的处理效率,在建立工程之前就需要我们建立了 DJI Terra 工作集群。工作集群的建立分为 3 步:①集群电脑连接入同一局域网;②共享主机电脑中存放工程数据和位置的盘,并修改盘符(该盘符不能与集群中其他电脑的盘符相同);③在其他电脑中建立相应盘符的映射,并通过 DJI Terra 修改工作引擎的工作目录。需要在共享盘中新建工程,创建 Block,并在其中加载影像数据、POS 数据和像控数据。

3. 空三加密

为了能够将无序的影像在空间中相互对齐并构建与真实状态下相接近的统一空间模型,就需要对影像进行空三加密操作。该操作过程是倾斜摄影建模的核心步骤。当空三加密完成之后,其结算成果会在空三计算结果中进行可视化的显示,也可以将空三后的成果直接导出成 XML 格式进行查看。

4. 三维模型构建

(1)多视影像密集匹配。基于畸变改正后的多视影像和空三优化后的高精度外方位元素,采用多基元、多视影像密集匹配技术,利用规则格网划分的空间平面作为基础,集成像方特征点和物方面元两种匹配基元,充分利用多视影像上的特征信息和影像成像信息,对多视影像进行密集匹配。

(2)构建模型三角网。有效利用多视匹配的冗余信息,避免遮挡对匹配产生的影响,并引入并行算法以提高计算效率,快速准确地获取多视影像上的同名点坐标,进而获取地物的高密度三维点云数据。基于点云构建不同层次细节度(Levels of Detail,LOD)下的模型三角网。

(3)模型三角网优化。将内部三角的尺寸调整至与原始影像分辨相匹配的比例,同时通过对连续曲面变化的分析,对相对平坦地区的三角网络进行简化,降低数据冗余,获得测区模型矢量架构。

(4)实现三维模型纹理映射包括三维模型与纹理图像的配准和纹理贴附。因倾斜摄影获取的是多视角影像,同一地物会出现在多张影像上,选择最适合的目标影像非常重要。采用模型表面的每个三角形面片的法线方程与二维图像之间的角度关系来为三角网模型衡量合适的纹理影像,夹角越小,说明该三角形面片与图像平面接近平行,纹理质量越高。通过此方法,使三维模型上的三角形面片都唯一对应了一幅目标图像。然后计算三维模型的每个三角形与影像中对应区域之间的几何关系,找到每个三角形面在纹理影像中对应的实际纹理区域,实现三维模型与纹理图像的配准。把配准的纹理图像反投影到对应的三角面片上,对模型进行真实感的绘制,实现纹理贴附。

三维重建时具体要求如下:

①空间框架使用 2000 国家大地坐标系,高斯-克吕格投影,中央经线 111°;

②重建分辨率设置为默认最高分辨率;

③三维实景分块模型数据是采用三维网络表示的 OSGB 格式。

5. 正射影像图构建

正射影像图是基于三维模型构建之后生产的，生产顺序依次为：①在已经构建了模型的工程下提交正射影像选项重建项目；②根据项目需求设置采样间距和最大影像尺寸；③选择项目所需坐标系提交成果。

4.3.6　地形图生产

1. 生产流程

地形图采集流程见图 4-104。

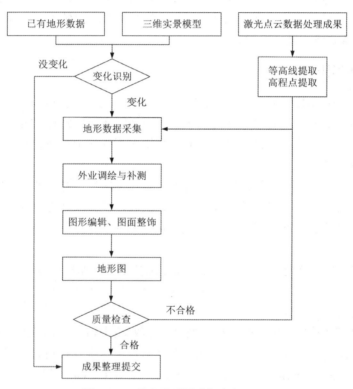

图 4-104　数字地形图采集流程

2. 数据采集要求

地形图数据采集主要采用南方航测三维测图软件、南方 CASS 等专业软件，按照三维实景模型进行采集生产。对于按照三维实景模型采集不准或与实地不符的地形地物，采用全站仪或 RTK 测定地形要素的坐标和高程，对于部分隐蔽点则采取皮尺或手持激光测距仪丈量边长，用边长交会方法求得其坐标，也可采用方向交会法测定地物点的位置。

采集的地形图要素应包括以下内容：各级控制点、居民地和垣栅、工矿建(构)筑物及其他设施、交通及附属设施、管线及附属设施、水系及附属设施、境界、地貌和土质、植被等各种地物、地貌以及地理名称注记等。

地物、地貌要素的表示方法和取舍原则，按 GB/T 20257.1—2017 执行。

3. 地形图采集及表示

（1）数据采集一般要求

作业过程应执行以下要求：

数据采集编辑

① 在立体模型上采用手工采点矢量化完成要素采集。

② 要素间的关系应合理，由于采集原因产生的矛盾，应编辑解决。

③ 无法准确采集的要素或地貌变化的要素，必须先做标识，进行外业补测。

④ 数据采集时，应注意处理好各要素的关系，各层要素叠加后关系应协调一致，如居民地与道路、水库与坝、河流与桥的关系等。

⑤ 点状要素采集符号定位点。

⑥ 单线表示的地类要素，按符号中心线采集。线状要素被其他要素隔断时，除特别规定的辅助线外，应连续采集。线状要素上点的密度以几何形状不失真为原则，点密度应随着曲率的增大而增加。

⑦ 点、线矛盾的高程点、控制点，除个别错误点不采集外，其余点应全部采集并编辑等高线，使之关系合理。

⑧ 数据采集、编辑时应保证线条光滑，严格相接，不得有多余悬挂。

⑨ 图形不能存在拓扑错误，点状要素不能重叠表示，线状要素不得自相交、重复等。

矢量化数据精度要求

以 DOM 为背景进行检查，矢量化要素的采集边界与 DOM 上明显地物界线的位移偏移不应超过 1 个像素。

矢量数据接边

①线状要素应终止于理论内图廓线。

②数据必须接边，并保持接边的合理性。

③接边时应保持关系合理，如果只有一边有接边要素，则不接边。

④不同等高距的图幅接边，只接相同高程的等高线。

（2）地形图要素采集及表示

各类控制点

各类控制点在图上应精确表示，高程注记到 0.01m，图上点号、坐标值必须与成果表严格一致。

工矿建(构)筑物及其他设施

①工矿建(构)筑物及其他设施的测绘，图上应准确表示其位置、形状和性质。

②工矿建(构)筑物及其他设施依比例尺表示的，应实测其外部轮廓，并配置符号或按图式规定用依比例尺符号表示；不依比例尺表示的，应准确测定其定位点或定位线，用不依比例尺符号表示。

交通及附属设施

①交通及附属设施的测绘，图上应准确反映陆地道路的类别和等级，附属设施的结构

和关系；正确处理道路的相交关系及与其他要素的关系。

②公路路中、道路交叉处、桥面等应测注高程，隧道、涵洞应测注底面高程。

③公路与其他双线道路在图上均按实宽依比例尺表示。公路应在图上每隔 15~20cm 注出公路技术等级代码，国道应注出国道路线编号。公路、街道按其铺面材料分为水泥、沥青、砾石、条石或石板、硬砖、碎石和土路等，应分别以水泥、沥、砾、石、砖、碴、土等注记于图中路面上；铺面材料改变处应用点线（地类界）分开。

④城市道路为立体交叉或高架道路时，应测绘桥位、匝道与绿地等，多层交叉重叠，下层被上层遮住的部分不绘，桥墩或立柱应实测（虚线表示）。垂直的挡土墙可绘实线而不绘挡土墙符号。

⑤路堤、路堑应按实地宽度绘出边界，并应在坡顶、坡脚适当测注高程。

⑥道路通过居民地不宜中断，应按真实位置绘出。市区街道应将车行道、过街天桥、过街地道出入口、分隔带、环岛、人行道等绘出；位于街道、公路、广场、空地上的花圃、花坛范围线以实线表示；位于内部道路边或单位（小区）内部而且平地面的花圃（花坛）范围线以虚线表示，当高出地面 0.2m 以上时以实线表示；城镇内道路边的汽车候车亭实测范围用实线表示，没有候车亭的公共汽车站可不表示。

⑦跨河或谷地等的桥梁，应实测桥头、桥身和桥墩位置（桥墩用虚线表示），加注建筑结构。

管线及附属设施

①正规的电力线、电信线均应准确表示，电杆、铁塔位置应实测。当多种线路在同一杆架上时，只表示主要的。城市建筑区内电力线、电信线可不连线，但应在杆架处绘出线路方向。各种线路应做到线类分明，走向连贯。

②架空的、地面上的、有管堤的管道均应实测，分别用相应符号表示，并注记传输物质名称。当架空管道直线部分的支架密集时，可适当取舍。有水泥、沥青铺装的街道及公路上的地下管道检修井及污篦子需要表示单位、小区内的可适当取舍。

水系及附属设施

①江、河、湖、水库、池塘、沟渠、泉、井等及其他水利设施均应准确测绘表示，有名称的加注名称。

②河（溪）流、湖泊、水库等水涯线，宜按测图时的水位测定，当水涯线与陡坎线在图上投影距离小于 1mm 时以陡坎线符号表示。河流、沟渠在图上宽度小于 1mm 的用单线表示，河流在图上应每隔 10cm 测注一个水涯线高程。

③水渠应测注渠顶边和渠底高程；堤、坝应测注顶部及坡脚高程；池塘应测注塘边及水涯线高程，干枯的水塘要测注塘底高程并注"干枯水塘"；泉、井应测注泉的出水口与井台高程，并注出井台至井水面的深度。

地貌和土质

①地貌和土质的测绘，图上应正确表示其形态、类别和分布特征。

②自然形态的地貌宜用等高线表示，崩塌残蚀地貌、坡、坎和其他特殊地貌应用相应符号或等高线配合表示。

③各种天然形成或人工修筑的坡、坎，其坡度在 70° 以上时表示为陡坎，70° 以下时表示为斜坡。斜坡在图上投影宽度小于 2mm，以陡坎符号表示。当坡、坎比高小于 0.5m

或在图上长度小于 5mm 时，可不表示；坡、坎密集时，可适当取舍。梯田坎坡顶及坡脚宽度在图上大于 2mm 时，应实测坡、坎脚。

④坡度在 70°以下的石山和天然斜坡，可用等高线或用等高线配合符号表示。土堆、坑穴、陡坎、斜坡、梯田坎等应在上下方分别测注高程或测上(下)方高程及量注比高。

⑤各种土质按图式规定的相应符号表示，大面积沙地应用等高线加注记表示。

⑥高程注记点应分布均匀，一般每方格应有 10 个以上高程注记点(含房角、地物等的高程点)。

⑦城镇建筑区高程注记点应测设在街道中心线、街道交叉中心、建筑物墙基脚和相应的地面、管道检查井井口、桥面、广场、较大的庭院内或空地上以及其他地面倾斜变换处。

⑧按基本等高距测绘的等高线为曲线。从零米起算，每隔四根首曲线加粗一根计曲线，并在计曲线上注明高程，字头朝向高处，但需避免在图上倒置。山顶(指土岭)、鞍部、凹地等不明显处等高线应加绘示坡线。

⑨城镇建筑区和不便于绘等高线的地方，可不绘等高线，但要测注碎部点高程。

⑩山脚、谷底、谷口、沟(坎)底、沟口、凹地、台地、河川湖池岸旁、水涯线上以及其他地面倾斜变换处，均应测注高程注记点。

植被

①田埂宽度在图上大于 1mm 的用双线表示，小于 1mm 的用单线表示。田块内应测注有代表性的高程。

②对耕地、园地应实测范围，配置相应的符号表示。同一地段生长有多种植物时，可按经济价值和数量适当取舍，符号配置不得超过三种(连同土质符号)。

③行树起止点、拐点应实测表示。

其他要求

①高程注记应测设在道路中心线、道路交叉中心、建筑物墙基脚、管道检查井井口、广场、空地、桥面、坡面、坎面、隧道底、涵洞底、坎底、坡底以及其他地面倾斜变换处。

②二级以上等级控制和图根埋石点高程注记取位至 0.001m，非埋石图根控制点和其他碎部高程注记取位至 0.01m。

③应注意调查路名、街名、巷名、村名、大单位名称、自然地理名称和门牌号，单位名称太长时可以缩写，但缩写后含义要清楚。

④街边的卡式公共电话亭应表示，其符号和代码按我院以前制作方法表示。

⑤注记字体大小、字型、方向等要按 GB/T 20257.1—2017 规定执行。

(3)图幅接边

①同期测图接边小组间按西接东、南接北的原则确定接边责任人。测区小组间分配任务时尽量以街道、道路、河流、沟渠为分界线，以减少接边工作量，保证图块的独立性。不同期测图接边小组间采用先申请且提交接边数据免于接边责任，后申请接边者负责接边。

②图幅接边不仅要进行图面接边，还应对属性数据进行接边，以保证数据的无缝拼接。

③各类地物的拼接，不得改变其真实形状和相关位置，线状地物在接边处不得产生明显转折。高程注记点同一块平地内较差不得大于±0.2m。

4.3.7　外业调绘与补测

1. 一般规定

(1)本次外业采集与调绘工作是对航测内业采集的所有要素进行定性，采集或补调隐蔽地物、新增地物和采集遗漏的地物，并纠正内业采集错误的地物，进行全面的实地检查、采集、地理名称调查注记、屋檐改正等项工作，要求做到图面和实地景观保持一致，保证其数学精度。对已拆除或实地不存在的地物(地貌)以及多余的线条、符号均应在工作底图上用红色"×"逐个划去，图面上不允许出现既无定性，又无打"×"的地形、地物要素。凡图上标有"A"字样的地方，均为内业无法准确定位，外业要认真核对，经核对改正后，必须将"A"打"×"。

(2)外业要检核内业数据采集的精度，内业精度达不到要求时外业要进行补测。

(3)重要地物不能丢漏，如道路、独立树、电缆、电塔等；重要名称注记不能丢漏，如重要单位名称、道路名称等；坚持"把握重点，细节不含糊"的总体作业原则。

2. 外业补测要求

(1)对于大面积隐蔽地物或新增地物、地貌及多棱角不规则地物，在外业调绘图纸上用红笔圈定范围，内部注明该区域的地理名称，然后采用网络 RTK、单基准站 RTK 或全站仪进行外业采集。采集时可用网络 RTK 或单基准站 RTK 测定图根点。

(2)对于个别隐蔽地物或新增地物，可根据周边明显相关地物作为起点，在确保作为起点的地物准确无误的前提下，勘丈距离。采用交会法、截距法或直角关系等方法进行采集，在外业尽可能要有多条的检核条件。如何判断起算点的准确性，要根据实地情况而定，一般选取明显的独立地物或较为规整的房屋房角等。如果起算点不准时，则要先进行改正，然后才能利用。

(3)当采用交会法进行采集时，交会角度必须为 30°~150°。

(4)独立地物的定位必须有两个或两个以上的交会边长，尽可能不要用已交会的地物进行二次交会。

(5)凡是平整地或已变化填平、推平的地方，其内部曲线、沟坎等地貌要打"×"删去。外围边界要尽可能予以准确绘制，并标注相关交会尺寸，等高线的走向应交代清楚。

(6)注意判别内业误测的非房子的东西(如车辆等)，并打"×"删去。

(7)网络 RTK 测量

使用网络 RTK 测量的采集数据时，应该满足 CH/T 2009—2010《全球定位系统实时动态测量(RTK)技术规范》中有关规定。

(8)单基准站 RTK 测量

采用单基准站 RTK 方法施测时，施测要求如下：

① 点位上空无遮掩物，无干扰源，适合于 GNSS 观测。

② 测区坐标系统转换可以采用点校正，或者直接利用已有转换参数。用来校正的点

必须经过 GNSS 静态测量和四等水准测量的高等级点(D 级、5 秒点或 8 秒点)。校正点数不少于 9 个,且分布均匀,与待测区域地貌相关性强。点校正时,要求各点的点位残差小于 2cm。

③ 观测时,移动站观测参数为:有效卫星数大于 5,观测时间 3 秒,观测次数 ≥1 次,支杆高度小于 2m,对中误差小于 5mm,点内符合精度平面中误差 M_p <3cm,高程中误差 M_v <5cm。

④ 观测成果直接记录于终端中,点校正参数作为成果提供。

(9) 全站仪数据采集

① 仪器参数检查。仪器高、目标高、气象改正数、棱镜参数、数据格式和单位等所有相关设置必须正确。

② 仪器对中整平检查。仪器对中的偏差,不应大于 2mm;仪器管气泡不应偏离一格。

③ 视准差和指标差检查。每一站都要测定一次 2C 和 2I,其绝对值小于 40″,才能作业,否则仪器必须进行检校。

④ 定向检查。以较远的控制点定向,用其他控制点进行检核,角度检核值与原值之差不应大于 40″,高程检核值与原值之差不应大于 0.05m,边长(或坐标)检核值与原值之差不应大于 0.03m。

⑤ 归零检查(度盘检查)。测图过程中,在测站结束时检查一次定向方向,每站归零差不应大于 40″。

⑥ 经过测站检查后,用全站仪施测地物点、地形点时,距离、水平角和垂直角(或坐标 X,Y,H)可按半测回一次读数施测。

⑦ 测站至碎部点的距离一般不超过 160m,高程点间隔一般不大于 15m。一般情况下,测站到定向点的定向距离必须大于测站至碎部点的距离的 0.5 倍。

3. 外业调绘要求

外业调绘是对内业采集要素的定性补充,要求"走到,看到,记到"。主要基于采集成果进行实地调绘补充修正,采集补调隐蔽地物、新增地物和采集遗漏的地物,并纠正内业采集错误的地物,进行全面的实地检查、采集、地理名称调查注记、屋檐改正等项工作,要求做到图面和实地景观保持一致,保证其数学精度。

调绘时,按《图式》《外业规范》的要求对范围线内的地物,地貌(包括耕地、园地、林地、牧草地和其他农用地、建设用地、未利用土地等)实地进行详细准确的调绘。

(1) 沿河岸各类水库、山塘、引水河坝、排污口、干支渠道、输水管道、砖瓦煤窑、渡口码头、取水口、养殖场等要认真判读,标出准确位置,河中高出水面的滩涂要全部调绘。

(2) 对范围线内居民地的房屋(包括新增的房屋),认真核实其位置、房屋结构和层数,对实景模型遮挡严重区补测并记录遗漏的房屋。

(3) 对各类模型判别不清的地物如:高压电杆、通信线杆、地下电缆、水利设施及桥梁、涵、堤、坝、窑等,要做到不遗漏、不移位、不变形。成图范围线以内只调 10 千伏以上的高压线并且标出电压伏数。

(4) 对各类独立设施地物进行认真核查和判读,查漏补缺,标出准确位置和地物。

（5）对沟渠和自然河流，调绘流向。

（6）对植被区分类别，并标注区分经济类作物的属性。

（7）其他未提及的内容按 GB/T 7931《1∶500　1∶1000　1∶2000 地形图航空摄影测量外业规范》和《图式》规定的要求进行调绘。

（8）调绘时要将调绘内容标绘在透明纸上，便于自校和检查。

（9）调绘成果按本技术要求外，其余按《图式》要求清绘。

4.3.8　质量控制措施

具体内容见前文 4.1.9 质量控制措施。

4.3.9　提交成果资料

（1）三维模型；

（2）正射影像图；

（3）绘图成果矢量数据；

（4）地形图；

（5）资料清单；

（6）专业技术设计书；

（7）检查报告；

（8）专业技术总结报告；

（9）成果结合表；

（10）其他文件资料。

4.3.10　项目总结

本次项目实施地点处于市区范围内，且部分区域处于管制区域，起飞前需要向该区域空管进行报备。根据任务要求及实际情况，我方选择大疆 M300RTK 四旋翼无人机配合赛尔五镜头倾斜相机作为航测采集手段。在项目确认之后，我方成立了专门的项目小组负责整个项目的实施。

在合同签订三天内，我方人员及设备全部到达现场。计划每轮次外业飞行时间 1 个月，实际由于天气不能满足飞行条件，延误了 1 个月的飞行时间，后面在第 2 个月顺利完成了首轮次飞行任务。项目总共飞行 75 个架次，外业航飞得到约 30 万张倾斜照片。

像控采集一共出动 3 人，1 台银河 6RTK。为达到精准的测量数据，遇到打雷与下雨天气均停止作业，平均每天共测量 50 个像控点。总共测量时间为 15 天。航测区域范围内均匀地测量了约 900 个像控点，测量结束后由于空域天气等问题未能飞行，飞行前 2~3 天在不同的时间段去检查并验证了之前做过的像控点，同时选取 10% 的像控点检查测量精度。在飞行过程中经常碰到空军活动，这些是影响工作进度的主要原因。

后期数据处理，一共调用了 6 台电脑，其中服务器 2 台，工作站 2 台，普通数据整理电脑 2 台。倾斜模型及正射影像生产用时约 80 天，内业生产总用时约 120 天，参与处理的内业工作人员 15 人。经检查，数据成果满足质量要求。

附录 多旋翼无人机航测常见问题及解决办法

大疆经纬 M300RTK 飞行检查表

操作者：　　　　　　日期：　　　　　　飞行地点：

飞行开始时间：　　　　　　　　飞行结束时间：

序号	检查项目	备注
一、环境勘察及准备		
1. 天气状况	□	
2. 起飞地点远离人群	□	
3. 起飞点上空开阔无遮挡	□	
4. 起飞地点平整	□	
5. 限飞情况	□	
6. 测区内建筑物高度	□	
其他情况：	□	
二、开箱检查		
1. 无人机电池数量	□	
2. 遥控器电池数量	□	
3. 无人机机身及起落架无损坏	□	
4. 转动电机无卡顿及异常	□	
5. 脚架安装牢固	□	
6. 机臂安装牢固	□	
7. 云台相机安装牢固	□	
8. 所有部件齐全	□	
其他情况：	□	
三、开机检查		
1. 打开遥控器展开天线	□	
2. 确保飞行器水平放置及保证云台离地间隙	□	
3. 模块正常（网络/RTK/IMU/电池状态/指南针/云台状态）	□	

序号	检查项目	备注
4. 确认遥控器模式	☐	
5. 根据环境设置返航高度及失控行为	☐	
6. 确认差分及坐标系模式	☐	
7. 刷新返航点(如果没有自动刷新，请手动刷新)	☐	
四、航线检查		
1. 确认航线高度、速度、拍摄模式及完成动作	☐	
2. 确认重叠率及边距设置	☐	
3. 确定曝光设置	☐	
4. SD 卡总张数大于拍照数	☐	
5. 确认调用航线准确	☐	
6. 完成作业前自检	☐	
其他情况：	☐	
检查完毕，可安全飞行。		

检查人员签名：

大疆 M300RTK 常见问题解决方法

1. 如何将大疆 M300 下置单云台支架更换为下置双云台支架？

关闭飞行器，并取下电池；

将飞机摆放好角度，取下支架螺丝和连接线固定螺丝；

将单云台支架取下，更换双云台支架后固定所有螺丝即可。

2. 无人机防水性能如何？能否在雨天飞行？

经纬 M300 RTK 具备 IP45 防护等级。防护等级并非永久有效，可能会因长期使用导致磨损而下降。不建议在大于 100mm/24h 的雨量下飞行。并且下比较密集的蒙蒙雨会触发无人机避障，使得无人机无法正常工作。

3. M300 的电池充满需要多长时间？

使用 220V 电源：将 2 块 TB60 智能飞行电池完全充满约需 60 分钟；从 20% 充到 90% 约需 30 分钟。

使用 110V 电源：将 2 块 TB60 智能飞行电池完全充满约需 70 分钟，从 20% 充到 90% 约需 40 分钟。

4. 可以将 M300RTK 无人机电池携带上高铁或飞机吗？

TB60 电池能量为 274Wh，按规定无法携带登机和上高铁。

5. M300RTK 的两块电池电量不同，可以起飞吗？

如果两块电池的电压差小于 0.7 V，可起飞；如果电压差大于 0.7 V，App 会显示"电池电量差过大"，不可起飞。

6. DJI M300RTK 是否支持 PRK 技术？

搭载禅思 P1、禅思 L1 时，任务文件夹内同时存储照片、GNSS 原始观测值以及拍照记录文件数据，可用于 PPK 后处理解算。

7. DJI M300RTK 是否能实现精准测绘？

经纬 M300 RTK 搭载禅思 P1、禅思 L1、基于 DJI Payload SDK 开发的第三方认证负载即可实现精准测绘功能。

8. 能通过哪些方式获取到无人机的实时差分数据？

经纬 M300 RTK 支持通过以下 3 种方式获取实时差分数据：①通过 APP 设置，飞机连接到 D-RTK 2 移动站（RTCM3.2）获取实时差分数据；②支持遥控器通过 4G 网卡连接网络 RTK 服务（RTCM3.2）（中国区首年免费，第二年开始需要购买）；③支持遥控器通过 4G 网卡/WiFi 热点连接到基于 Ntrip 协议的自定义网络 RTK 服务（支持 RTCM3.0/ RTCM3.1/RTCM3.2）

9. 如何升级 DJI M300RTK 的固件？

（1）可以连接电脑，通过 DJI Assistant 2 For Matrice 软件进行飞行器、遥控器、D-RTK

2 移动站的固件升级。

（2）可以通过 Pilot App 进行飞行器、遥控器和 BS60 智能电池箱的固件升级；

10. 在执行航线飞行前，检查清单里的失控动作和航线失控动作有什么区别？

失控动作：退出航线、切换成手动飞行后，如果失控，飞机会执行的动作。航线失控动作：飞机正在执行航线任务，如果失控，飞机会执行的动作。

大疆 M300RTK 的保养和维护

1. 飞机机身的保养和维护

检查无人机的螺旋桨是否有损坏和污渍，如果发现损坏需要及时更换，有污渍则需及时进行清洁；每次飞行前，手动旋转一下无人机电机，看是否有明显卡顿，如果有卡顿则需要进行详细检查；每架次无人机飞行结束后，要检查无人机电机温度，如果发现电机过热或者单个电机相较于其他电机明显过热，需要暂停飞行，让电机降温，并且检查电机是否能正常转动，如果发现异常，则需要及时维修维护；检查飞机机身各部件连接处，看是否有损坏、螺丝是否松动，如存在异常则需要及时维护；检查无人机的镜头和传感器是否有污渍，如果有污渍需要及时清洁。

2. M300RTK 电池的保养和维护

首先是电池外观的检查，看是否存在破损，并查看电池是否有产生鼓包现象，如果存在比较大的鼓包，则不建议使用该电池进行作业，其次是检查电池温度，温度过高需要降温。具体检查流程如下：

（1）使用前，请对 2 块 TB60 智能飞行电池进行标记。确保 2 块电池同时进行充/放电使用，以获得最佳供电性能；

（2）在飞行结束后，请勿立刻充电；建议待电池降至室温，再进行充电；

（3）TB60 智能飞行电池的理想充电环境温度为 15~40 ℃；

（4）TB60 智能飞行电池的理想储存环境温度为 22~30 ℃，储存时应注意防水防潮，并避免阳光照射；

（5）若超过 10 天不使用电池，请将电池放电至 40%~65% 电量存放，每隔 3 个月左右重新充放电一次以保持电池活性。

参 考 文 献

[1] 姬玉华，夏冬君. 测量学［M］. 哈尔滨：哈尔滨工业大学出版社，2004.

[2] 庞小平，王光霞，冯学智，等. 遥感制图与应用［M］. 北京：测绘出版社，2016.

[3] 梅安新，彭望琭，秦其明，等. 遥感导论［M］. 北京：高等教育出版社，2001.

[4] 李小文，刘素红. 遥感原理与应用［M］. 北京：科学出版社，2008.

[5] 蔡志洲，林伟. 民用无人机及其行业应用［M］. 北京：高等教育出版社，2017.

[6] 曹丛峰. 基于滤光片阵列分光的无人机载多光谱相机系统研究［D］. 北京：中国科学院遥感与数字地球研究所，2017.

[7] 程玮玮，宋延华，王伟. 多旋翼无人机磁罗盘校准方法［J］. 计算机测量与控制，2019，27（5）：236-239，244.

[8] 范琪，顾斌，谢星，等. 基于 ARM 的航模控制器设计［J］. 电脑知识与技术，2016，12（11）：201-202，205.

[9] 蒋红阳. 基于 STM32 的多旋翼无人机飞行控制器的多余度系统研究［D］. 长春：吉林大学，2018.

[10] 李传荣. 无人机遥感载荷综合验证系统技术［M］. 北京：科学出版社，2014.

[11] 李鹏. 基于 MSP430 单片机的电池监测仪设计与实现［J］. 电子世界，2016（4）：185-186.

[12] 宋莎莎，安伟，王岩飞，等. 机载小型合成孔径雷达溢油遥感监测技术［J］. 船海工程，2018，47（2）：48-50，53.

[13] 万刚，余旭初，布树辉，等. 无人机测绘技术及应用［M］. 北京：测绘出版社，2015.

[14] 王红力. PBN 导航系统性能分析与研究［D］. 广汉：中国民用航空飞行学院，2011.

[15] 张王菲，姬永杰. GIS 原理与应用［M］. 北京：中国林业出版社，2018.

[16] 吴亮. 基于多传感器的航空遥感飞行管理系统开发［D］. 北京：北京建筑大学，2013.

[17] 肖光华. 旋翼无人机手动飞行控制器设计需求与约束分析［J］. 电子技术与软件工程，2019（11）：122-123.

[18] 肖婉. 多路电池监测仪的设计与实现［D］. 成都：电子科技大学，2015.

[19] 赵丹阳. 基于 GIS 技术的机载 GNSS-R 数据分析系统设计与实现［D］. 北京：中国科学院国家空间科学中心，2016.

［20］毛志锋，刘立龙，黄良珂，等．桂林地区暴雨天气电离层 VTEC 时序预报模型适用性［J］．桂林理工大学学报，2024，44（3）：481-488.

［21］宗平．基于 GNSS 的机载多源数据融合算法研究［D］．沈阳：沈阳航空航天大学，2016.

［22］黄杏元，马劲松．地理信息系统概论［M］.4 版．北京：高等教育出版社，2023.

［23］张剑清，潘励，王树根．摄影测量学［M］.2 版．武汉：武汉大学出版社，2009.

［24］李德仁，王树根．摄影测景与遥感概论［M］.3 版．北京：测绘出版社，2021.

［25］徐绍铨，张华海，杨志强，等．GPS 测量原理及应用［M］.4 版．武汉：武汉大学出版社，2017.

［26］李征航，黄劲松．GPS 测量与数据处理［M］.3 版．武汉：武汉大学出版社，2016.

［27］边少锋，纪兵，李厚朴．卫星导航系统概论［M］.2 版．北京：测绘出版社，2016.

［28］潘正风，程效军，成枢，等．数字测图原理与方法［M］.2 版．武汉：武汉大学出版社，2009.